Der Mathe-Trainer fürs Gymnasium

5./6. Klasse

Schroedel

Der
Mathe-Trainer
fürs Gymnasium

5./6. Klasse

Rainer Hild
sowie Hartmut Seeger

Rainer Hild weiß aus langjähriger Erfahrung als Nachhilfelehrer und Autor für das Fach Mathematik, welche Schwierigkeiten im Mathematikunterricht auftreten können. Er vermittelt Tipps und Methoden, wie Schülerinnen und Schüler diese sicher überwinden können.

Druck[1] / Jahr 2016

Redaktion: imprint, Zusmarshausen
Illustrationen: Dieter Tonn, Bovenden-Lenglern
Umschlaggestaltung: Enrico Casper – Kommunikation & Design, Braunschweig
Layout: Janssen Kahlert Design & Kommunikation GmbH, Hannover und
Enrico Casper – Kommunikation & Design, Braunschweig
Druck und Bindung: westermann druck GmbH, Braunschweig

ISBN 978-3-507-**23180**-1

Liebe Schülerin, lieber Schüler,

Der Mathe-Trainer fürs Gymnasium hilft dir, die wichtigsten Inhalte des Mathematikunterrichts in den Jahrgangsstufen 5 und 6 zu wiederholen, zu üben und besonders die Themen zu trainieren, die erfahrungsgemäß viele Stolpersteine enthalten. Mit dem Mathe-Trainer kannst du deine Wissenslücken schließen. Alle Kapitel sind überschaubar gegliedert und alle Regeln werden Schritt für Schritt erklärt, bevor du sie in den Übungen selbstständig anwendest.

Der **Regel-Check** fragt dein Wissen am Ende eines Kapitels noch einmal ab. Mithilfe der insgesamt 99 Testfragen kannst du gut überprüfen, wie sicher du die einzelnen Regeln beherrschst.

Den **Abschlusstest** nach jedem Kapitel bearbeitest du so wie eine Klassenarbeit. In der Regel gibt es für jede Teilaufgabe einen Punkt, bei schwierigeren Aufgaben zwei Punkte. In den Lösungen findest du eine Punkteübersicht, mit der du deine Leistungen einschätzen kannst.

Im Mathe-Trainer gibt es außerdem drei besondere Elemente:

Regeln & Formeln Die Regeln werden in jedem Kapitel verständlich zusammengefasst und anschaulich erklärt. Meist werden sie durch Beispiele ergänzt.

Tipp Hinweise, worauf du beim Lernen achten solltest oder wie du dir etwas besonders gut merken kannst, findest du bei den Tipps.

Schon gewusst? Weißt du, was es mit der Quadratur des Kreises auf sich hat oder wie die alten Ägypter mithilfe von Knotenschnüren rechtwinkige Dreiecke konstruierten? Für alle, die etwas mehr wissen wollen, bietet die Rubrik „Schon gewusst?“ spannende Informationen oder Hintergründe.

Mithilfe der **Lösungen** im Anhang kannst du kontrollieren, ob du die Aufgaben richtig bearbeitet hast und wie viele Punkte du im Abschlusstest erzielt hast.

Wenn du im Buch nicht genügend Platz für die Bearbeitung der Übungen findest, schreibe die Lösungen bitte in ein Heft.

Wir wünschen dir viel Erfolg beim Üben und Besserwerden mit dem Mathe-Trainer!

Inhalt

1 Rechnen mit Brüchen

Eine Schulstunde Mathematik und ein Päckchen Spargelcremesuppe haben etwas gemeinsam: die Zahl $\frac{3}{4}$. Die Mathematikstunde dauert nämlich eine Dreiviertelstunde, und für die Zubereitung der Suppe benötigt man einen Dreiviertelliter Wasser.
Was sind Brüche eigentlich, und wie rechnet man mit ihnen?

1.1 Brüche und Bruchteile

Regeln & Formeln

Teil und Ganzes

- Jeder Bruch besteht aus einem Zähler, einem Nenner und einem Bruchstrich dazwischen. Der Zähler wird über den Nenner geschrieben. Im Bruch $\frac{3}{4}$ ist die Zahl 3 der Zähler und die Zahl 4 der Nenner.
- Der **Nenner** gibt an, in wie viele gleich große Teile das Ganze geteilt werden soll.
- Der **Zähler** gibt an, wie viele von diesen Teilen gemeint sind.
- Brüche mit dem Nenner „0" gibt es nicht, weil man durch 0 nicht teilen kann!
- Wenn in einem Bruch **Zähler und Nenner gleich groß** sind, dann beschreibt der Bruch das Ganze. Der Bruch ist dann die Zahl „1".
  Zum Beispiel sind $\frac{7}{7} = 1$.
  Und allgemein: $\frac{n}{n} = 1$, mit $n \in \mathbb{N}$.

Beispiel 1: Um zu berechnen, wie viel $\frac{2}{3}$ von 30 Bonbons ist, teilt man zunächst die Gesamtmenge in 3 gleich große Teile.
Ein Teil besteht dann aus 30 Bonbons : 3 = 10 Bonbons,
und *zwei* Drittel sind dann 2 · 10 Bonbons = 20 Bonbons.

1 Gib die gefärbte Fläche als Bruchteil der gesamten Fläche an.

a) ______

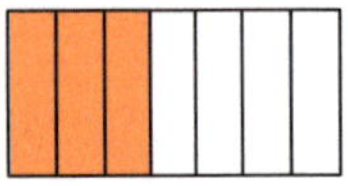

b) ______

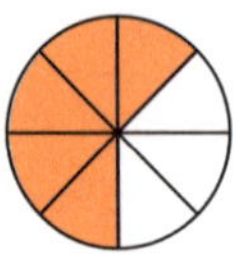

c) ______

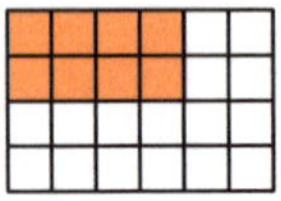

d) ______

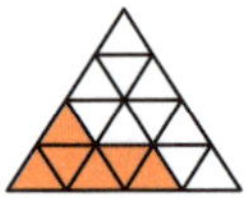

2 Färbe die Fläche, die dem angegebenen Bruch entspricht.

a) $\frac{7}{10}$

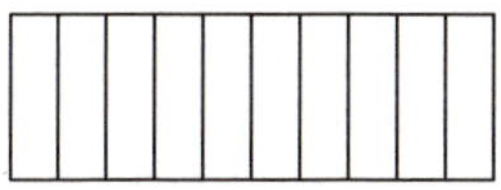

b) $\frac{3}{4}$

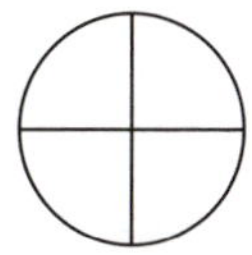

c) $\frac{5}{6}$

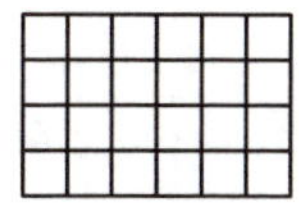

d) $\frac{3}{16}$

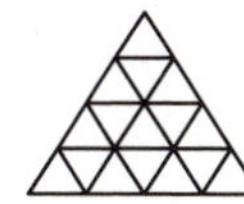

3 Eine Schulklasse besteht aus 32 Schülern. 20 davon sind Mädchen und der Rest sind Jungen. Gib den Anteil der Mädchen und Jungen als Bruch an.

Mädchen: ______________________ Jungen: ______________________

4 Berechne.

a) $\frac{2}{5}$ von 150 Bäumen ____________ b) $\frac{4}{7}$ von 56 Kindern ____________

c) $\frac{3}{4}$ von 80 € ____________ d) $\frac{3}{8}$ von 64 Autos ____________

Regeln & Formeln

Brüche als Maßzahlen

Brüche tauchen im täglichen Leben sehr oft als Maßzahlen vor Maßeinheiten auf. Beispielsweise dauert eine Schulstunde (in der Regel) eine Dreiviertelstunde. Man kann diese Angaben oft in ganze Maßzahlen umrechnen, wenn man die nächstkleinere Maßeinheit benutzt.

Beispiel 2: Gib in der nächstkleineren Maßzahl an.

a) $\frac{3}{4}\,\text{h} = \frac{3}{4}$ von $60\,\text{min} = 3 \cdot (60 : 4)\,\text{min} = 45\,\text{min}$

b) $\frac{2}{5}\,\text{km} = \frac{2}{5}$ von $1000\,\text{m} = 2 \cdot (1000 : 5)\,\text{m} = 400\,\text{m}$

c) $\frac{3}{10}\,\text{m}^2 = \frac{3}{10}$ von $100\,\text{dm}^2 = 3 \cdot (100 : 10)\,\text{dm}^2 = 30\,\text{dm}^2$

5 Gib in der nächstkleineren Maßeinheit an.

a) $\frac{5}{8}\,\text{t} =$ ____________ b) $\frac{3}{5}\,\text{kg} =$ ____________

c) $\frac{2}{3}\,\text{h} =$ ____________ d) $\frac{1}{8}\,\text{km} =$ ____________

e) $\frac{1}{4}\,\text{min} =$ ____________ f) $\frac{1}{5}\,\text{m} =$ ____________

g) $\frac{2}{5}\,\text{m}^2 =$ ____________ h) $\frac{3}{8}\,\ell =$ ____________

i) $\frac{3}{4}$ Jahr = ____________ j) $\frac{1}{2}\,\text{cm}^3 =$ ____________

1.2 Unechte Brüche und gemischte Zahlen

Regeln & Formeln

Unechte Brüche

Wenn in einem Bruch der Zähler größer als der Nenner ist, dann ist der entsprechende Bruchteil größer als das Ganze. Daher werden solche Brüche als **unechte Brüche** bezeichnet. Man kann sich einen unechten Bruch als eine Summe veranschaulichen, die aus einer ganzen Zahl und einem echten Bruch besteht.

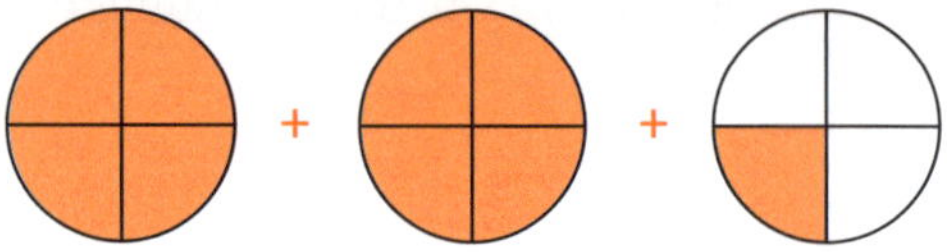

Beispiel 3: In der Grafik ist der unechte Bruch $\frac{9}{4}$ veranschaulicht: Insgesamt sind neun Viertelkreisausschnitte farbig markiert. Wie man sieht, sind das 2 ganze Kreise plus $\frac{1}{4}$ Kreis. Man kann daher für den unechten Bruch $\frac{9}{4}$ auch schreiben: $\frac{9}{4} = 2\frac{1}{4}$

Solche Ausdrücke, die aus einer natürlichen Zahl und einem echten Bruch bestehen, nennt man **gemischte Zahlen**.

Regeln & Formeln

Umwandlung von echten Brüchen und gemischten Zahlen

- Einen unechten Bruch wandelt man in eine gemischte Zahl um, indem man zunächst berechnet, wie oft der Nenner in den Zähler passt. Das Ergebnis ist die ganze Zahl in der gemischten Zahl. Der Rest, der bei dieser Rechnung übrig bleibt, ist der Zähler des Bruchs in der gemischten Zahl. Der Nenner der gemischten Zahl ist derselbe wie im unechten Bruch.
- Umgekehrt kann man eine gemischte Zahl in einen unechten Bruch umrechnen, indem man zunächst den Nenner mit der ganzen Zahl multipliziert und den Zähler addiert. Das Ergebnis ist der Zähler im unechten Bruch. Der Nenner des unechten Bruchs ist wieder derselbe wie in der gemischten Zahl.

Beispiel 4:

a) Wandle den unechten Bruch $\frac{13}{5}$ in eine gemischte Zahl um.
Die 5 passt 2-mal in die 13. Somit ist die ganze Zahl **2**. Der Rest ist $13 - 2 \cdot 5 = 3$. Das ist der Zähler im Bruch der gemischten Zahl.
Somit ist: $\frac{13}{5} = \mathbf{2}\frac{3}{5}$

b) Wandle die gemischte Zahl $4\frac{2}{3}$ in einen unechten Bruch um.
Für den Zähler des unechten Bruchs erhält man: $3 \cdot 4 + 2 = 14$.
Somit ist: $4\frac{2}{3} = \frac{14}{3}$

6 Wandle in eine gemischte Zahl um.

a) $\frac{8}{3} =$ ______ b) $\frac{3}{2} =$ ______ c) $\frac{12}{5} =$ ______ d) $\frac{19}{8} =$ ______

7 Schreibe als unechten Bruch.

a) $1\frac{1}{4} =$ ______ b) $2\frac{1}{2} =$ ______ c) $5\frac{3}{8} =$ ______ d) $12\frac{2}{5} =$ ______

8 Gib in der nächstkleineren Maßeinheit an.

a) $3\frac{1}{2}$ t = ______ b) $5\frac{3}{4}$ ℓ = ______ c) $2\frac{3}{4}$ h = ______ d) $4\frac{2}{5}$ km = ______

1.3 Erweitern und Kürzen von Brüchen

Regeln & Formeln

- Man **erweitert** einen Bruch, indem man seinen Zähler und seinen Nenner mit derselben natürlichen Zahl ($\neq 0$) multipliziert.
- Man **kürzt** einen Bruch, indem man seinen Zähler und seinen Nenner durch dieselbe natürliche Zahl ($\neq 0$) dividiert.
- Beim Erweitern und Kürzen bleibt der Wert eines Bruchs erhalten.

Das Erweitern spielt beim Größenvergleich (Seite 10 und 11) und bei der Addition bzw. Subtraktion von Brüchen (Seite 12) eine wichtige Rolle. Das Kürzen ist wichtig, um beim Rechnen mit Brüchen möglichst große Zahlen im Zähler bzw. Nenner eines Bruchs zu vermeiden.

Beispiel 5:

a) Erweitere $\frac{7}{8}$ mit 5. Es ist: $\frac{7}{8} = \frac{7 \cdot 5}{8 \cdot 5} = \frac{35}{40}$

b) Kürze den Bruch $\frac{24}{36}$ so weit wie möglich. Es ist: $\frac{24}{36} = \frac{24:12}{36:12} = \frac{2}{3}$

Tipp

Wenn man beim Kürzen den größten gemeinsamen Teiler (ggT) zwischen Zähler und Nenner nicht gleich sieht, kann man den Bruch auch **schrittweise kürzen**. So kann $\frac{24}{36}$ zunächst mit 2, dann noch mal mit 2 und schließlich mit 3 gekürzt werden: $\frac{24:2}{36:2} = \frac{12}{18} \Rightarrow \frac{12:2}{18:2} = \frac{6}{9} \Rightarrow \frac{6:3}{9:3} = \frac{2}{3}$.
Wenn man mit dem Zähler kürzen kann, bleibt im Zähler die „1" übrig: $\frac{4:4}{8:4} = \frac{1}{2}$.
Wenn der komplette Nenner gekürzt werden kann, darf man ihn weglassen: $\frac{6}{3} = \frac{6:3}{3:3} = \frac{2}{1} = 2$.

9 Erweitere den Bruch mit der angegebenen Zahl.

a) $\frac{2}{3}$ mit 4; $\frac{2}{3}$ = ____ b) $\frac{3}{5}$ mit 7; $\frac{3}{5}$ = ____ c) $\frac{6}{7}$ mit 2; $\frac{6}{7}$ = ____

10 Mit welcher Zahl wurde erweitert? Ergänze die fehlende Zahl.

a) $\frac{3}{5} = \frac{\square}{25}$; erweitert mit ____ b) $\frac{3}{4} = \frac{18}{\square}$; erweitert mit ____

c) $\frac{4}{7} = \frac{\square}{49}$; erweitert mit ____ d) $\frac{7}{12} = \frac{\square}{60}$; erweitert mitt ____

11 Erweitere auf den angegebenen Nenner.

a) $\frac{3}{5} = \frac{\square}{10}$ b) $\frac{3}{4} = \frac{\square}{28}$ c) $\frac{2}{3} = \frac{\square}{12}$

d) $\frac{7}{5} = \frac{\square}{20}$ e) $\frac{17}{25} = \frac{\square}{100}$ f) $\frac{13}{15} = \frac{\square}{60}$

12 Kürze so weit wie möglich.

a) $\frac{2}{4}$ = ____ b) $\frac{6}{9}$ = ____ c) $\frac{15}{18}$ = ____

d) $\frac{15}{10}$ = ____ e) $\frac{24}{32}$ = ____ f) $\frac{16}{48}$ = ____

1.4 Größenvergleich von Brüchen – der Hauptnenner

Regeln & Formeln

Größenvergleiche

- Brüche, deren Nenner gleich sind, werden **gleichnamige Brüche** genannt. **Von zwei gleichnamigen Brüchen ist derjenige der größere Bruch, dessen Zähler größer ist.**
- Will man **ungleichnamige Brüche** miteinander vergleichen, macht man sie zunächst gleichnamig. Dazu bestimmt man das kleinste gemeinsame Vielfache (kgV) bzw. den Hauptnenner.
- Bei **gemischten Zahlen** ist derjenige Bruch der größere, bei dem der ganze Anteil größer ist. Vorsicht beim Größenvergleich von gemischten Zahlen und **unechten Brüchen**! In diesem Fall muss man beide Brüche in unechte Brüche oder gemischte Zahlen umwandeln (siehe Beispiel 6 c).

Beispiel 6: a) $\frac{7}{12}$; $\frac{11}{12}$ → gleichnamig; $\frac{11}{12}$ hat den größeren Zähler, also: $\frac{11}{12} > \frac{7}{12}$.

b) $\frac{7}{15}$; $\frac{9}{20}$ → $\frac{7}{15} = \frac{7 \cdot 4}{15 \cdot 4} = \frac{28}{60}$ und $\frac{9}{20} = \frac{9 \cdot 3}{20 \cdot 3} = \frac{27}{60}$, also ist $\frac{7}{15} = \frac{28}{60} > \frac{9}{20} = \frac{27}{60}$

c) $2\frac{3}{4}; \frac{21}{8}$ → $\frac{21}{8}$ ist ein unechter Bruch: $\frac{21}{8} = 2\frac{5}{8}$; die ganzen Anteile sind gleich groß (2); gleichnamig machen der Bruchteile führt zu $\frac{3}{4} = \frac{6}{8} > \frac{5}{8}$; also ist $2\frac{3}{4} = 2\frac{6}{8} > \frac{21}{8} = 2\frac{5}{8}$. Alternativ rechnet man mit zwei unechten Brüchen: $2\frac{3}{4} = \frac{11}{4} = \frac{22}{8}$, also ist $2\frac{3}{4} = \frac{22}{8} > \frac{21}{8}$.

Tipp

Bestimmen des Hauptnenners

Wenn man das kgV zweier Nenner – beispielsweise von 18 und 15 – nicht sofort erkennt, kann man es mit folgender Methode leicht berechnen:
Man bildet aus den beiden Nennern (hier 18 und 15) einen Bruch, den man vollständig kürzt: $\frac{15}{18} = \frac{5}{6}$.
Indem man in dieser Gleichung den Nenner des linken Bruchs mit dem Zähler des rechten Bruchs multipliziert (oder umgekehrt), erhält man das gesuchte kgV bzw. den Hauptnenner: $18 \cdot 5 = 90$ bzw. $15 \cdot 6 = 90$.
Ein weiterer Vorteil dieser Methode ist, dass man sofort die Faktoren erkennt, mit denen jeder Bruch erweitert werden muss.

13 Bestimme den Hauptnenner.

a) $\frac{3}{4}; \frac{1}{2}$ ____ b) $\frac{2}{5}; \frac{8}{15}$ ____ c) $\frac{3}{8}; \frac{7}{10}$ ____ d) $\frac{4}{9}; \frac{1}{6}$ ____

14 Setze < oder > ein.

a) $\frac{3}{5}$ ☐ $\frac{2}{3}$ ____ b) $\frac{5}{6}$ ☐ $\frac{7}{9}$ ____ c) $\frac{1}{3}$ ☐ $\frac{5}{16}$ ____ d) $\frac{11}{18}$ ☐ $\frac{7}{12}$ ____

1.5 Addition und Subtraktion von Brüchen

Regeln & Formeln

Gleichnamige Brüche werden addiert bzw. subtrahiert, indem man ihre Zähler addiert bzw. subtrahiert und den gemeinsamen Nenner beibehält:
$\frac{a}{c} + \frac{b}{c} = \frac{a+b}{c}$ bzw. $\frac{a}{c} - \frac{b}{c} = \frac{a-b}{c}$ (mit $a, b, c \in \mathbb{N}$)
Ungleichnamige Brüche müssen immer zuerst auf ihren Hauptnenner erweitert werden, bevor man die Addition bzw. Subtraktion durchführen kann.

Bei drei oder mehr gleichnamigen Brüchen lautet die entsprechende Regel:
$\frac{a}{d} + \frac{b}{d} + \frac{c}{d} = \frac{a+b+c}{d}$

Kommen in einer Summe bzw. Differenz gemischte Zahlen vor, kann man die Summe bzw. Differenz der ganzen Zahlen und der echten Brüche jeweils getrennt voneinander berechnen. Anschließend addiert man die beiden Ergebnisse.

Tipp

So nicht: $\frac{a}{c} + \frac{b}{d} = \frac{a+b}{c+d}$ (durchgestrichen)

Die Nenner dürfen niemals addiert bzw. subtrahiert werden!

Beispiel 7: Berechne. Kürze das Ergebnis, falls möglich.

a) $\frac{5}{21} + \frac{11}{21} = \frac{5+11}{21} = \frac{16}{21}$

b) $\frac{7}{12} - \frac{2}{15} = \frac{35}{60} - \frac{8}{60} = \frac{35-8}{60} = \frac{27}{60} = \frac{9}{20}$

15 Fasse zusammen und kürze das Ergebnis so weit wie möglich.

a) $\frac{2}{7} + \frac{4}{7} =$ ______

b) $\frac{7}{9} + \frac{2}{9} =$ ______

c) $\frac{5}{12} - \frac{1}{12} =$ ______

d) $\frac{19}{8} - \frac{3}{8} =$ ______

e) $1\frac{1}{5} + 2\frac{2}{5} =$ ______

f) $3\frac{3}{4} + 2\frac{1}{4} =$ ______

16 Fasse zusammen und kürze das Ergebnis so weit wie möglich.

a) $\frac{7}{8} + \frac{3}{4} =$ ______

b) $\frac{7}{15} + \frac{7}{10} =$ ______

c) $\frac{2}{9} - \frac{1}{6} =$ ______

d) $\frac{5}{6} - \frac{3}{8} =$ ______

17 Berechne.

a) $\frac{1}{9} + \frac{1}{3} + \frac{2}{9} =$ ______

b) $\frac{2}{5} + \frac{3}{10} + \frac{7}{10} =$ ______

c) $\frac{1}{4} + \frac{2}{5} + \frac{3}{8} =$ ______

d) $\frac{3}{7} + \frac{5}{14} + \frac{2}{21} =$ ______

18 Ein Verkäufer jammert:
„Ein Achtel meiner Äpfel ist angefault, drei Sechzehntel sind noch grün und ein Achtzehntel hat eine Macke. Wie soll ich da wenigstens die Hälfte aller Äpfel verkaufen?“
Beklagt sich der Verkäufer zu Recht?

______

______

______

1.6 Multiplizieren von Brüchen

Regeln & Formeln Zwei Brüche werden miteinander multipliziert, indem man beide Zähler und beide Nenner miteinander multipliziert:
$\frac{a}{b} \cdot \frac{c}{d} = \frac{a \cdot c}{b \cdot d}$ (mit a, b, c, d ∈ ℕ)
Ein Bruch wird mit einer natürlichen Zahl k multipliziert, indem man den Zähler des Bruchs mit dieser Zahl multipliziert: $k \cdot \frac{a}{b} = \frac{k \cdot a}{b}$ bzw. $\frac{a}{b} \cdot k = \frac{a \cdot k}{b}$ (mit a, b, k ∈ ℕ)

Eine natürliche Zahl k kann man auch als Bruch schreiben. Dazu „verpasst" man ihr einfach den Nenner 1. Es gilt: $k = \frac{k}{1}$.
Dann wird aus $k \cdot \frac{a}{b}$ ein Produkt zwischen zwei Brüchen: $k \cdot \frac{a}{b} = \frac{k}{1} \cdot \frac{a}{b} = \frac{k \cdot a}{1 \cdot b} = \frac{k \cdot a}{b}$.

19 Berechne.

a) $\frac{3}{5} \cdot \frac{4}{7} =$ ______ b) $\frac{2}{9} \cdot \frac{5}{11} =$ ______ c) $\frac{4}{3} \cdot \frac{8}{5} =$ ______

d) $\frac{1}{2} \cdot \frac{4}{13} =$ ______ e) $\frac{7}{8} \cdot 5 =$ ______ f) $6\frac{3}{4} \cdot \frac{7}{10} =$ ______

Tipp **Überkreuz-Kürzen:** Bevor man zwei Brüche miteinander multipliziert, sollte man immer versuchen, überkreuz zu kürzen. Dazu kürzt man den Zähler des linken Bruchs mit dem Nenner des rechten Bruchs und umgekehrt. Eine **Multiplikation mit gemischten Zahlen** kann nur dann durchgeführt werden, wenn man die gemischte Zahl zuvor in einen unechten Bruch umwandelt (→ Seite 8)!

Beispiel 8: Berechne. Kürze zuvor überkreuz.

a) $\frac{8}{35} \cdot \frac{25}{12} = \frac{2}{7} \cdot \frac{5}{3} = \frac{10}{21}$ b) $\frac{6}{11} \cdot 2\frac{4}{9} = \frac{6}{11} \cdot \frac{22}{9} = \frac{2}{1} \cdot \frac{2}{3} = \frac{4}{3}$

20 Berechne. Kürze vor dem Multiplizieren überkreuz, falls möglich.

a) $\frac{4}{9} \cdot \frac{5}{8} =$ ______ b) $\frac{18}{25} \cdot \frac{15}{9} =$ ______ c) $3 \cdot \frac{5}{21} =$ ______

d) $\frac{3}{16} \cdot 12 =$ ______ e) $3\frac{1}{2} \cdot \frac{8}{9} =$ ______ f) $\frac{29}{18} \cdot \frac{81}{58} =$ ______

21 Das Gewicht von Edelsteinen wird in Karat (Kt) angegeben.
1 Kt entsprechen $\frac{1}{5}$ g. Wie viel Gramm wiegen folgende Edelsteine?

a) Diamant, 2560 Kt ______ b) Rubin, 7250 Kt ______

1.7 Dividieren von Brüchen

Regeln & Formeln

Man dividiert **durch einen Bruch**, indem man mit seinem Kehrbruch (= Kehrzahl) multipliziert: $\frac{a}{b}:\frac{c}{d}=\frac{a}{b}\cdot\frac{d}{c}=\frac{a\cdot d}{b\cdot c}$ bzw. $k:\frac{c}{d}=k\cdot\frac{d}{c}=\frac{k\cdot d}{c}$ (mit a, b, c, d, $k\in\mathbb{N}$)

Den **Kehrbruch** eines Bruchs erhält man, indem man Zähler und Nenner vertauscht; d.h. den Bruch „auf den Kopf" stellt.

Man dividiert einen **Bruch durch eine natürliche Zahl k**, indem man den Nenner des Bruchs mit dieser Zahl multipliziert: $\frac{a}{b}:k=\frac{a}{b\cdot k}$ (mit a, b, $k\in\mathbb{N}$)

Beispiel 9: Berechne und vereinfache so weit wie möglich.

a) $\frac{6}{7}:\frac{2}{3}=\frac{6}{7}\cdot\frac{3}{2}=\frac{3}{7}\cdot\frac{3}{1}=\frac{9}{7}$

b) $9:\frac{5}{2}=9\cdot\frac{2}{5}=\frac{18}{5}$

c) $\frac{5}{8}:2=\frac{5}{8\cdot 2}=\frac{5}{16}$

d) $4\frac{2}{3}:\frac{7}{9}=\frac{14}{3}\cdot\frac{9}{7}=\frac{2}{1}\cdot\frac{3}{1}=\frac{6}{1}=6$

Tipp

- Eine Division mit gemischten Zahlen kann nur dann durchgeführt werden, wenn man die gemischte Zahl zuvor in einen Bruch umwandelt (→ Seite 8)!
- Man berechnet Doppelbrüche, indem man den großen Bruchstrich als „:" schreibt. Folgende Fälle (mit a, b, c, d, $k\in\mathbb{N}$) können vorkommen:

$\frac{\frac{a}{b}}{k}=\frac{a}{b}:k=\frac{a}{b\cdot k}$ $\qquad$ $\frac{k}{\frac{a}{b}}=k:\frac{a}{b}=\frac{k\cdot b}{a}$ $\qquad$ $\frac{\frac{a}{b}}{\frac{c}{d}}=\frac{a}{b}:\frac{c}{d}=\frac{a}{b}\cdot\frac{d}{c}=\frac{a\cdot d}{b\cdot c}$

22 Berechne.

a) $\frac{2}{3}:\frac{5}{8}=$ ______

b) $\frac{11}{12}:\frac{1}{2}=$ ______

c) $6:\frac{7}{9}=$ ______

d) $\frac{3}{4}:8=$ ______

e) $5\frac{1}{2}:\frac{2}{3}=$ ______

f) $2\frac{2}{5}:5\frac{1}{5}=$ ______

23 Schreibe mit dem Geteiltzeichen und berechne.

a) $\frac{\frac{3}{5}}{6}=$ ______

b) $\frac{8}{\frac{4}{9}}=$ ______

c) $\frac{\frac{2}{3}}{\frac{8}{15}}=$ ______

d) $\frac{5\frac{1}{2}}{4\frac{3}{4}}=$ ______

1 Mit welcher Regel wird ein Bruch erweitert und wie kürzt man einen Bruch?

2 Welcher von zwei gleichnamigen Brüchen ist der größere?

3 Wie bestimmt man den Hauptnenner zweier Brüche?

4 Wie addiert bzw. subtrahiert man zwei gleichnamige Brüche?

5 Was muss man bei der Addition bzw. Subtraktion ungleichnamiger Brüche beachten?

6 Wie multipliziert man zwei Brüche miteinander?

7 Wie dividiert man eine Zahl bzw. einen Bruch durch einen anderen Bruch?

8 Wie kann man eine natürliche Zahl als Bruch schreiben?

9 Was muss man bei der Multiplikation bzw. Division mit gemischten Zahlen beachten?

10 Mit welchem Trick löst man Doppelbrüche auf?

__/2 **1** Berechne, nutze dein Heft für Nebenrechnungen.

a) Bei einer Umfrage geben $\frac{5}{7}$ von 287 Schülern Mathematik als ihr Lieblingsfach an. Das sind ___________ Schüler.

b) Ein Stadtgebiet umfasst 1755 ha. $\frac{4}{15}$ davon sind Grünfläche. Das sind = _____ m^2

__/2 **2** Berechne.

a) Ein Mensch besteht etwa zu zwei Drittel aus Wasser. Wie viele Liter Wasser enthält der Körper eines Jugendlichen mit 63 kg Körpergewicht?

____

b) Auf der Tüte einer Spargelcremesuppe ist zu lesen:
„Inhalt in $\frac{3}{4}\ell$ kaltes Wasser schütten und unter Rühren 5 min erhitzen."
Wie viel ml Wasser muss man mit dem Messbecher abmessen?

____

__/4 **3** Gib in der nächstkleineren Einheit an.

a) $\frac{3}{4}\,cm^2$ = _____ b) $\frac{2}{5}\,\ell$ = _____ c) $\frac{5}{6}\,h$ = _____ d) $\frac{5}{8}\,m^3$ = _____

__/2 **4** Schreibe als gemischte Zahl.

a) $\frac{11}{2}$ = _______ b) $\frac{17}{8}$ = _______ c) $\frac{18}{7}$ = _______ d) $\frac{35}{9}$ = _______

__/2 **5** Schreibe als unechten Bruch.

a $3\frac{1}{4}$ = _______ b) $7\frac{3}{8}$ = _______ c) $5\frac{2}{7}$ = _______ d) $17\frac{2}{3}$ = _______

__/4 **6** Erweitere auf den Hauptnenner und ordne der Größe nach.

a) $\frac{1}{8}; \frac{2}{9}; \frac{2}{3}$, HN = ___ ___ > ___ > ___

b) $\frac{2}{5}; \frac{3}{4}; \frac{5}{6}$, HN = ___ ___ > ___ > ___

c) $\frac{5}{8}; \frac{13}{24}; \frac{7}{12}$, HN = ___ ___ > ___ > ___

d) $\frac{11}{4}; \frac{19}{8}; \frac{12}{5}$, HN = ___ ___ > ___ > ___

__/2 **7** In der Klasse 6 a sind 14 Mädchen und 16 Jungen; in der 6 b sind 12 Mädchen und 15 Jungen. In welcher Klasse ist der Anteil der Mädchen größer?

____

3 Schreibe als Bruch und kürze vollständig.

a) $0{,}45 = \frac{\quad}{\quad} = \frac{\quad}{\quad}$ b) $2{,}125 = \frac{\quad}{\quad} = \frac{\quad}{\quad}$

c) $1{,}005 = \frac{\quad}{\quad} = \frac{\quad}{\quad}$ d) $2{,}7500 = \frac{\quad}{\quad} = \frac{\quad}{\quad}$

Regeln & Formeln

Man wandelt einen **Bruch in einen Dezimalbruch** um, indem man den Quotienten *„Zähler durch Nenner"* berechnet. Wenn sich dabei bestimmte Ziffern hinter dem Komma ständig wiederholen, erhält man einen **periodischen Dezimalbruch**. Über die sich periodisch wiederholende(n) Ziffer(n) macht man einen Strich.

Beispiel 2: Schreibe als Dezimalbruch: a) $\frac{3}{4}$ b) $\frac{11}{6}$

Sobald man bei der Division einen Rest erhält, muss man dem Rest eine **„0"** anfügen und im Ergebnis ein Komma setzen.

a) $3 : 4 = 0{,}75$

```
3:4 = 0,75
0
30
28
 20
 20
  0
```

b) $11 : 6 = 1{,}833... = 1{,}8\overline{3}$

```
11:6 = 1,833... = 1,83̅
 6
 50
 48
  20
  18
  20
  ...
```

Tipp

10er-Brüche können auch folgendermaßen in Dezimalbrüche umgewandelt werden: Der Zähler des 10er-Bruchs gibt die Ziffern des Dezimalbruchs an. Die Zahl der Nullen des Nenners gibt die Zahl der Dezimalstellen an, z. B. ist $\frac{7}{100} = 0{,}07$. Da 100 zwei Dezimalstellen hat, muss der Dezimalbruch auch zwei Dezimalstellen haben.

4 Schreibe als Dezimalbruch – das geht im Kopf.

a) $\frac{24}{10}$ = ________ b) $\frac{2008}{1000}$ = ________ c) $\frac{8}{100}$ = ________ d) $\frac{75}{10\,000}$ = ________

5 Schreibe als Dezimalbruch, notiere eventuelle Nebenrechnungen im Heft.

a) $\frac{5}{4}$ = ________ c) $\frac{12}{5}$ = ________ d) $\frac{13}{20}$ = ________ e) $\frac{3}{8}$ = ________

f) $\frac{7}{50}$ = ________ g) $\frac{2}{3}$ = ________ h) $\frac{2}{11}$ = ________ i) $\frac{20}{9}$ = ________

2.2 Größenvergleich von Dezimalbrüchen

Regeln & Formeln Zwei Dezimalbrüche vergleicht man miteinander, indem man die Ziffern stellenweise von links nach rechts miteinander vergleicht. Derjenige Dezimalbruch ist dann größer, der an derselben Stelle zuerst eine größere Ziffer hat. Z.B. 3,7025 > 3,7019. Um die Lage von Dezimalbrüchen auf einem Zahlenstrahl zu bestimmen, muss man die Unterteilung des Zahlenstrahls beachten.

Beispiel 3: Welche Dezimalbrüche sind auf dem Zahlenstrahl markiert?

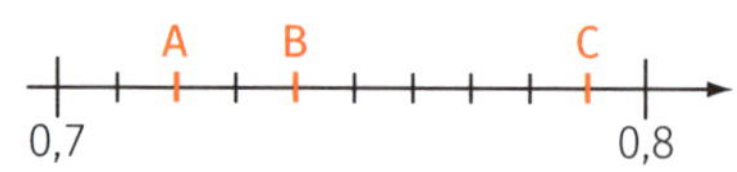

Der Abstand zwischen den Dezimalbrüchen 0,7 und 0,8 ist in 10 kleinere Abschnitte unterteilt. Da sich 0,7 und 0,8 in der Zehnteldezimale unterscheiden, steht die kleinere Unterteilung des Zahlenstrahls für die Hundertsteldezimale. Also: A = 0,72; B = 0,74 und C = 0,79.

6 Ergänze das Größer- oder Kleinerzeichen.

a) 3,47 ☐ 3,49 b) 12,5071 ☐ 12,5069 c) 0,075 ☐ 0,57

7 Ordne der Größe nach. Beginne mit der kleinsten Zahl.

a) 0,31; 0,13; 0,103; 1,3; 0,301; 1,03 ____________________

b) 0,83; 8,3; 83,0; 3,8; 3,08; 80,3 ____________________

8 Zeichne die Dezimalzahlen in einen geeigneten Zahlenstrahl.

A = 0,9 B = 1,75 C = 2,05 D = 1,99

9 Lies die markierten Zahlen ab.

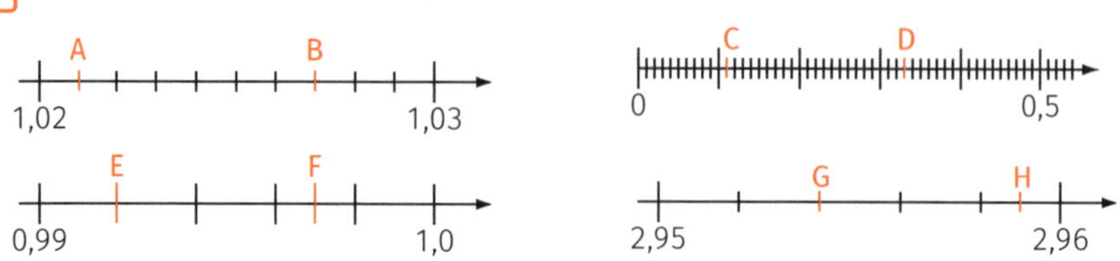

A = ______; B = ______; C = ______; D = ______;

E = ______; F = ______; G = ______; H = ______

2.3 Runden von Dezimalbrüchen

Regeln & Formeln

Beim Runden wird der Wert eines Dezimalbruchs näherungsweise angegeben. Zunächst muss man beim Runden wissen, auf welche Dezimalstelle gerundet werden soll. Anschließend wendet man folgende Regeln an:

- Ist die Ziffer rechts von der zu rundenden Dezimalstelle 0, 1, 2, 3 oder 4, wird **abgerundet**, d. h. man lässt alle Ziffern rechts von dieser Dezimalstelle weg.
- Ist die Ziffer rechts von der zu rundenden Dezimalstelle 5, 6, 7, 8 oder 9, wird **aufgerundet**, d. h. man lässt alle Ziffer rechts von dieser Dezimalstelle weg und zählt zu dieser Dezimalstelle 1 dazu.
- **Beachte:** Beim Aufrunden der Ziffer 9 wird aus der 9 eine 0, und die nächste Ziffer links davon wird um 1 erhöht.

Beispiel 4: Runde jeweils auf die erste Dezimale: a) 3,72 und b) 1,57

a) Da rechts von 7 eine 2 steht, muss 3,72 abgerundet werden zu 3,7.

b) Da rechts von 5 eine 7 steht, muss 1,57 aufgerundet werden zu 1,6.

10 Fülle die Tabelle aus.

Runde	3,4278	0,04259	12,0994	9,9999
auf eine Dezimale				
auf zwei Dezimale				
auf drei Dezimale				

11 Bearbeite.

a) Einer englischen Seemeile entsprechen 1,609 342 6 km. Runde auf Meter.

____

b) Ein Barrel Rohöl entspricht 158,987 294 928 ℓ. Runde auf ganze Liter.

____

c) Der Weltrekord über 100 m Sprint liegt bei 9,58 s (Usain Bolt).
Warum wird hier üblicherweise nicht auf Sekunden gerundet?

____

2.4 Addition und Subtraktion von Dezimalbrüchen

Regeln & Formeln

Beim Addieren und Subtrahieren von Dezimalbrüchen schreibt man die Dezimalbrüche so untereinander, dass Komma unter Komma steht. Dann addiert bzw. subtrahiert man die Ziffern stellenweise und setzt im Ergebnis das Komma so, dass es ebenfalls unter den anderen Kommas steht.

Beispiel 5: Schreibe untereinander und addiere bzw. subtrahiere.

a) 7,0658 + 3,6247

	7,	0	6	5	8
+	3,	6	2	4	7
1			1	1	
1	0,	6	9	0	5

b) 120,036 – 15,25

	1	2	0,	0	3	6
–		1	5,	2	5	**0**
		1	1	1		
	1	0	4,	7	8	6

c) 37,34 – 1,89 – 8,72

	1,	8	9			3	7,	3	4
+	8,	7	2		–	**1**	**0,**	**6**	**1**
1	1	1					1		
1	**0,**	**6**	**1**			2	6,	7	3

Tipp

Wenn man von einem Dezimalbruch gleich mehrere Dezimalbrüche abziehen soll, kann man aufgrund des Distributivgesetzes zuerst die Summe der Dezimalbrüche berechnen, vor denen ein Minuszeichen steht (→ Seite 37, Ausklammern von „–1"). Anschließend zieht man das Ergebnis vom ersten Dezimalbruch ab (→ Beispiel 5 c).
Wenn die Dezimalbrüche unterschiedlich viele Dezimalstellen haben, darf man rechts **Nullen anfügen**. Dies macht die schriftliche Berechnung übersichtlicher (→ Beispiel 5 b).

12 Schreibe im Heft stellengerecht untereinander und berechne.

a) 3,75 + 5,96
b) 10,91 – 5,84
c) 7,03 + 8,679
d) 15,082 – 13,4
e) 24,38 – 7,2 – 12,94
f) 4 – 0,97 – 1,001

13 Schreibe den Rechenausdruck ins Heft und berechne dann.

a) Vermindere 5,055 um die Summe von 1,79 und 2,2.
b) Wie viel fehlt von der Summe von 367,06 € und 54,1 € zu 450 € ?

14 Die Waschmaschine von Familie Sauber musste repariert werden.
Der Handwerker berechnet für:
Anfahrt: 15,45 €; Ersatzteile: 39,75 €; Lohn: 85 €; Mehrwertsteuer: 26,65 €.
Wie hoch sind die Gesamtkosten? Berechne im Heft.

2.5 Multiplikation von Dezimalbrüchen

Regeln & Formeln

Multipliziert man zwei Dezimalbrüche miteinander, berücksichtigt man die Kommas zunächst nicht und setzt dann das Komma so, dass im Ergebnis so viele Dezimalen stehen wie in beiden Faktoren zusammen.

Beispiel 6: Berechne: $2{,}5 \cdot 4{,}75$

Es ist: $25 \cdot 475 = 11\,875$. Da im Produkt $2{,}5 \cdot 4{,}75$ insgesamt drei Dezimalstellen vorkommen, muss das Ergebnis ebenfalls drei Dezimalstellen haben:

$2{,}5 \cdot 4{,}75 = 11{,}875$

Tipp

Besonders leicht kann man das **Produkt zwischen** einem **Dezimalbruch und einer 10er-Zahl** berechnen: Hier muss man nur das Komma um so viele Stellen nach *rechts* verschieben, wie die 10er-Zahl Nullen hat.
Beispielsweise muss man in $4{,}251 \cdot 100$ das Komma um zwei Stellen nach rechts verschieben, da 100 zwei Nullen hat. Man erhält: $4{,}251 \cdot 100 = 425{,}1$
Fehlende Dezimalstellen müssen durch Nullen ergänzt werden.

15 Setze das Komma an der richtigen Stelle.

a) $2{,}7 \cdot 9{,}25 =$ 2 4 9 7 5   b) $4{,}75 \cdot 0{,}08 =$ 3 8 0 0   c) $16 \cdot 4{,}005 =$ 6 4 0 8 0

16 Berechne.

a) $0{,}5 \cdot 2 =$ ____________   b) $34{,}56 \cdot 100 =$ ____________

c) $1{,}5 \cdot 2{,}0 =$ ____________   d) $0{,}004 \cdot 0{,}2 =$ ____________

e) $3{,}25 \cdot 5{,}8 =$ ____________   f) $28{,}24 \cdot 0{,}022 =$ ____________

17 Die Länge der Diagonalen eines Computerbildschirmes wird meist in Zoll angegeben (abgekürzt: "). 1 Zoll entspricht 2,54 cm. Berechne in cm.

a) 14" = ________________________

b) 17" = ________________________

18 Ein rechteckiges Zimmer ist 4,93 m breit und 6,75 m lang.
Welche Fläche hat das Zimmer? Runde auf die zweite Dezimalstelle.

____

2.6 Division von Dezimalbrüchen

Regeln & Formeln

Man dividiert **durch einen Dezimalbruch**, indem man im Dividend (linke Zahl) und im Divisor (rechte Zahl) die Kommas gleichzeitig solange nach rechts verschiebt, bis im Divisor kein Komma mehr da steht. Wenn der Dividend weniger Dezimalen hat als der Divisor, muss man die fehlenden Dezimalen durch Nullen ergänzen (→ Beispiel 7 b).

Beachte: Bei der *Division durch eine natürliche Zahl* muss man im Ergebnis immer dann ein Komma setzen, wenn das Komma im Dividend überschritten wird oder wenn ein Rest übrig bleibt.

Beispiel 7: Berechne.

a) 24,15 : 0,7. Man verschiebt die Kommas um 1 Stelle nach rechts:

24,15 : 0,7 =

	2	4	1,	5	:	7	=	3	4,	5
–	2	1								
		3	1							
	–	2	8							
			3	5						
		–	3	5						
				0						

Komma wird überschritten

b) 1,5 : 0,05. Im Dividend muss erst noch eine 0 ergänzt werden:

1,5 = 1,50

Damit folgt:

1,50 : 0,05 = 150 : 5 = **30**

Tipp

Besonders einfach ist die **Division durch eine 10er-Zahl:** Hier muss man im Dezimalbruch lediglich das Komma um so viele Stellen nach *links* verschieben, wie die 10er-Zahl Nullen hat. Fehlende Stellen müssen dabei *links* durch Nullen ergänzt werden. Beispiele: 634,7 : 100 = 6,347 oder 1,3 : 1000 = 0,0013

19 Berechne, schreibe Nebenrechnungen ins Heft.

a) 1,8 : 6 = ____________

b) 0,16 : 4 = ____________

c) 2,8 : 7 = ____________

d) 345,67 : 100 = ________

e) 27,3 : 3,5 = __________

f) 9,3 : 0,05 = ____________

g) 7,8 : 2,25 = __________

h) 74,12 : 1,7 = ____________

20 Ein Stapel Papier mit 500 Blatt (DIN A4) wiegt 2,25 kg.
Wie viel Gramm wiegt ein Blatt?

Schon gewusst?

DIN-Formate

Bei der Festlegung der Papierformate DIN A0, DIN A1, ... hat man sich Folgendes überlegt. Zum einen sollte das Verhältnis der Breite zur Länge in allen Formaten gleich sein. Außerdem sollte durch Halbieren eines Formats (quer zur Längsseite) das nächstkleinere Format entstehen.
Diese Vorgaben werden dann eingehalten, wenn das Verhältnis der Breite zur Länge 1 zu 1,414 ist. Ausgehend von DIN A0 (841 × 1189 mm) gelangt man auf diese Weise zu dem DIN-A4-Format 210 × 297 mm. Übrigens: Das DIN-A0-Format besitzt eine Fläche von genau 1 m². Bei einem Gewicht von 80 g pro Quadratmeter wiegt dann ein DIN-A4-Blatt $\frac{1}{16}$ von 80 g, also 5 g.

21 Gib den Abstand zweier Zaunlatten an, wenn eine Latte 4,8 cm breit ist.

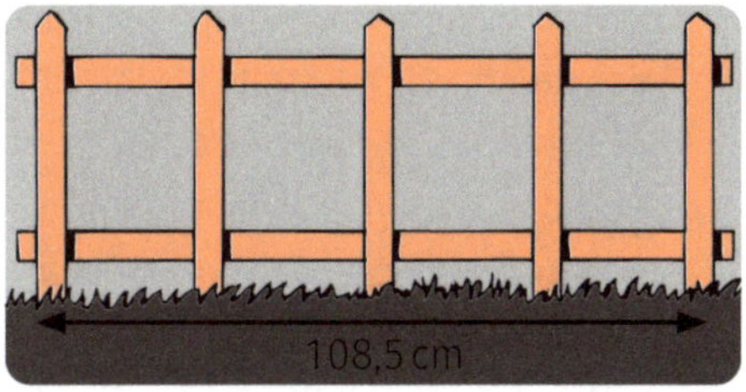

22 Karl will sein Zimmer neu streichen. Wie viele Eimer Farbe braucht er, wenn ein Eimer für 18 m² reicht und er eine Fläche von 85,5 m² streichen möchte?

23 In der Klasse 7 b sind 28 Schülerinnen und Schüler. Die geplante Klassenfahrt kostet insgesamt 441 €. Wie hoch sind die Kosten pro Person?

2.7 Dezimalbrüche als Maßzahlen

Regeln & Formeln Wenn die Maßzahl ein Dezimalbruch ist, können Maßeinheiten durch einfache Verschiebung des Kommas ineinander umgerechnet werden:
Zur nächstkleineren Einheit jeweils durch Verschieben des Kommas um die **angegebene Zahl** nach *rechts*, zur nächstgrößeren Einheit nach *links*:
Längen: m ↔ dm ↔ cm ↔ mm; **1 Stelle**
Flächen: ha ↔ a ↔ m^2 ↔ dm^2 ↔ cm^2 ↔ mm^2; **2 Stellen**
Volumen: m^3 ↔ dm^3 (= ℓ) ↔ cm^3 ↔ mm^3 (= ml); **3 Stellen**
Gewicht: t ↔ kg ↔ g ↔ mg; **3 Stellen**
Beachte: Bei der Umrechnung von **km in m** muss das Komma um **3 Stellen** verschoben werden!
Zeiteinheiten können nicht durch Kommaverschiebung ineinander umgerechnet werden, da die Umrechnungsfaktoren keine 10er-Zahlen sind.

Beispiel 8: Rechne um.

a) 3,52 m = ________ cm b) 25,8 dm^2 = ________ m^2 c) 2,5 h = ________ min

a) Von m zu cm sind es zwei Schritte nach rechts: 3,52 m = 352 cm
b) Von dm^2 zu m^2 ist es ein Schritt nach links. Da es Flächeneinheiten sind, muss das Komma um 2 Stellen nach links verschoben werden:
25,8 dm^2 = 0,258 m^2
c) Hier darf man das Komma nicht verschieben. Statt dessen muss man 2,5 h mit 60 multiplizieren, da 1 h = 60 min sind: 2,5 h = $2{,}5 \cdot 60$ min = 150 min

24 Wandle in die angegebene Einheit um:

a) 4,35 m = ________ cm
b) 0,5 ℓ = ________ m^3
c) 2500 kg = ________ t
d) 234 mm = ________ dm
e) 45 dm^2 = ________ m^2
f) 90 min = ________ h
g) 5 m 75 cm = ________ cm
h) 270 g = ________ kg
i) 0,25 dm = ________ mm
j) $\frac{3}{4}$ m = ________ dm
k) $\frac{1}{2}$ t = ________ kg
l) $\frac{3}{4}$ h = ________ s

11 Wie kann man einen Dezimalbruch noch bezeichnen?

____

12 Wie nennt man die Stellen rechts vom Komma?

____

13 Wie wandelt man einen 10er-Bruch in einen Dezimalbruch um?

____

14 Wie kann man mit dem Taschenrechner einen Bruch leicht in einen Dezimalbruch umrechnen? _______________

____

15 Was muss man beachten, wenn man Dezimalbrüche schriftlich addieren bzw. subtrahieren will? _______________

____

16 Wie geht man vor, wenn man das Produkt zweier Dezimalbrüche berechnen will und wie kann man das Produkt zwischen einem Dezimalbruch und einer 10er-Zahl angeben, ohne rechnen zu müssen? _______________

____

____

17 Wie geht man vor, wenn man den Quotient zweier Dezimalbrüche berechnen will? _______________

____

18 Warum darf man beim Umrechnen von Zeiteinheiten nicht einfach das Komma verschieben? _______________

____

19 Was ist das Besondere, wenn man km in m umrechnen will bzw. umgekehrt m in km? _______________

____

__/4 **1** Schreibe die Brüche als Dezimalbruch, runde dann auf die zweite Dezimale und ordne der Größe nach.

a) $\frac{4}{5}$; 0,79; $\frac{2}{3}$; 0,09; $1\frac{1}{2}$; 1,05 ____________________

____

b) 3,4; $\frac{19}{6}$; $\frac{16}{5}$; 2,9; 3,09 ____________________

____

__/2 **2** Lies die markierten Zahlen ab:

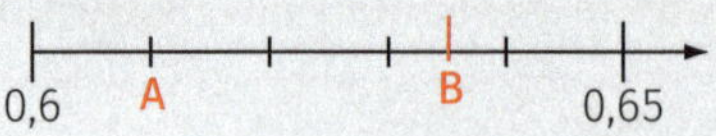

A = ______; B = ______;

__/2 **3** In den USA verwendet man das Volumenmaß „Gallon". 1 Gallon entspricht etwa 3,7854 ℓ. Rechne in Liter um. (Runde auf die erste Dezimale):

a) 10 Gallon = ____________________

b) 0,5 Gallon = ____________________

c) 3,8 Gallon = ____________________

__/2 **4** Klara bekommt 40 € Taschengeld pro Woche.
Wie viel Euro kann sie jeden Tag ausgeben? Runde das Ergebnis sinnvoll.

____

__/4 **5** Fabians Mutter kauft 0,250 kg Butter zu 5,60 € das kg, außerdem 450 g Wurst zu 17,80 € pro kg und schließlich 750 g Käse zu einem Kilopreis von 12,48 €.
Wie viel bekommt sie zurück, wenn sie mit einem 50-€-Schein bezahlt?

____

____

____

__/2 **6** Jeder Einwohner in Deutschland verbraucht täglich durchschnittlich 285 g Mehl.
Wie groß ist der Jahresbedarf (in kg) einer vierköpfigen Familie?

____

7 Prinz Baldrian möchte seine Prinzessin Kommagunde im Königreich Dezimalien besuchen. Leider muss man in Dezimalien für die Wegbenutzung Gebühren bezahlen, die nach einem sehr komplizierten Schema berechnet werden. Die Gebühren stehen auf den Schildern. Alle Angaben in Taler. __/8

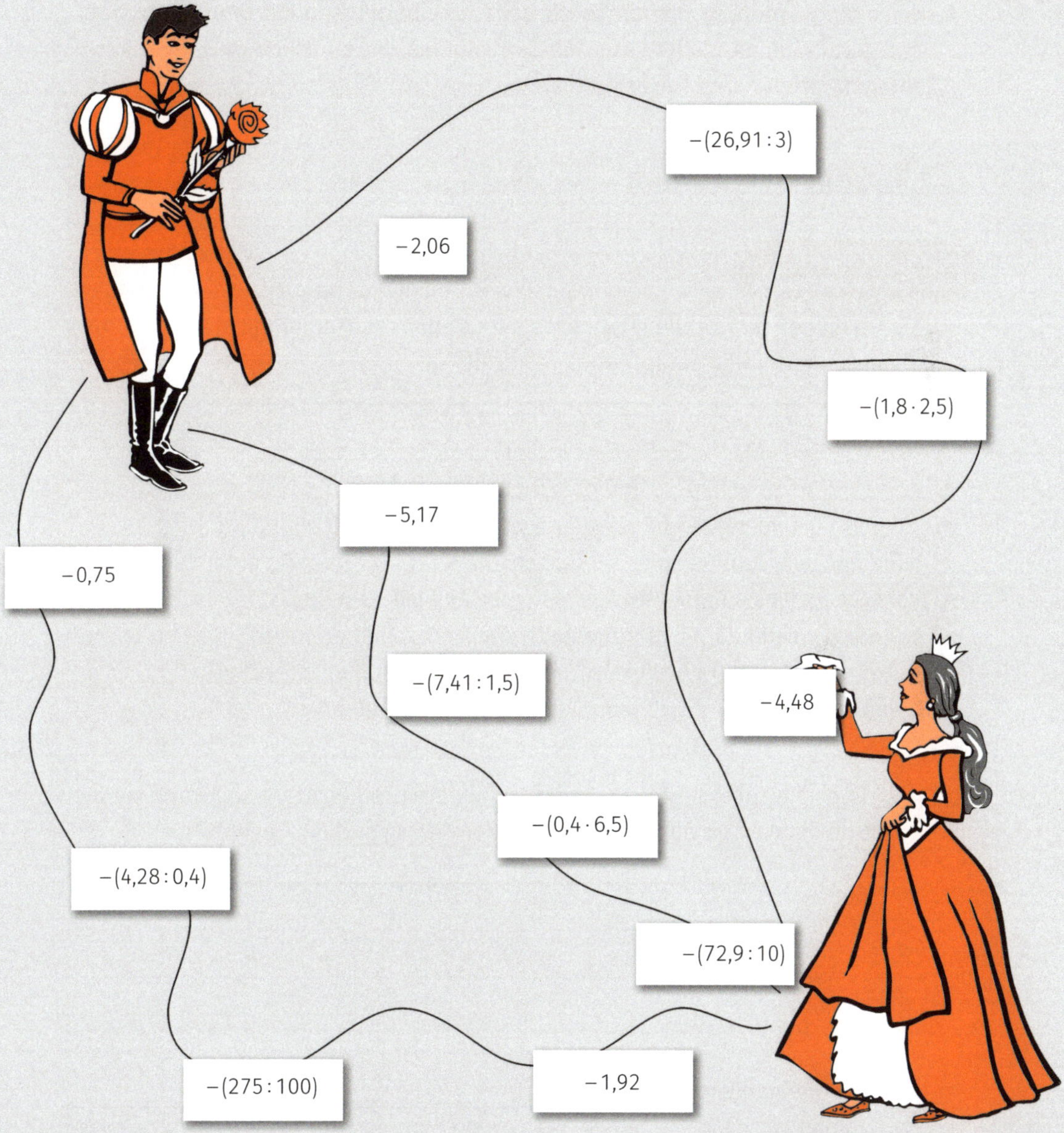

a) Welche Wege kann Prinz Baldrian benutzen, wenn er nur 20 Taler bei sich hat?

b) Wie viele Rosen kann er der Prinzessin dann noch mitbringen, wenn eine Rose 0,85 Taler kostet?

Gesamtpunktzahl ___/24

3 Rationale Zahlen

Wenn es im Winter sehr kalt wird, sinken die Temperaturen unter 0° C. Das Thermometer zeigt eine negative Temperatur an. Ungemütlich kann es auch dann werden, wenn man mehr Geld ausgibt als man auf dem Konto hat. Dann gerät man nämlich in die „Miesen", die man nur mithilfe der negativen Zahlen darstellen und berechnen kann.

3.1 Negative Zahlen

Regeln & Formeln

Neben den positiven Zahlen gibt es auch **negative Zahlen**. Sie liegen auf dem Zahlenstrahl links vom Nullpunkt. Man erhält sie, indem man die positiven Zahlen am Nullpunkt spiegelt:

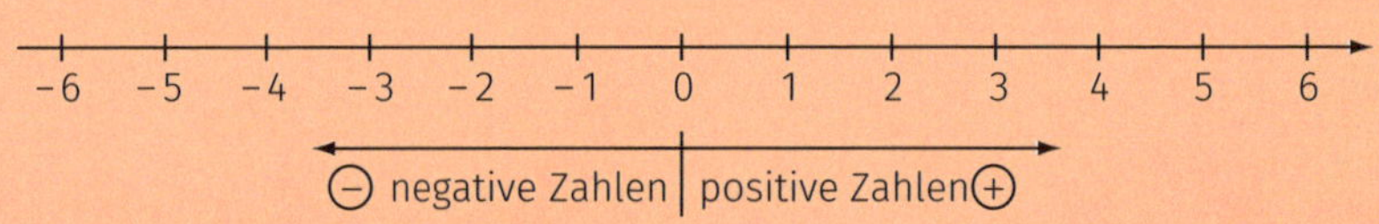

„+" und „−" sind **Vorzeichen**. Eine negative Zahl kennzeichnet man durch das Minuszeichen, zum Beispiel: -2 (sprich: minus zwei). Steht vor einer Zahl kein Vorzeichen, ist sie immer positiv. Zum Beispiel gilt: $3 = +3$.
Der **Betrag** einer Zahl ist ihr Abstand von 0. Er ist immer positiv. Der Betrag wird durch die Betragsstriche gekennzeichnet. Zum Beispiel ist: $|-2| = 2$.
Spiegelt man eine Zahl an der 0, erhält man ihre **Gegenzahl**.

1 Trage die Zahlen $-2{,}5$; $-4{,}5$ und $1{,}5$ auf dem Zahlenstrahl ab. Ordne sie der Größe nach. Gib außerdem jeweils den Betrag und die Gegenzahl an.

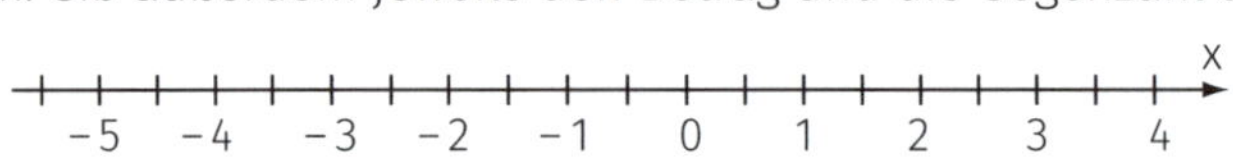

____

____

2 Gib die markierten Zahlen an.

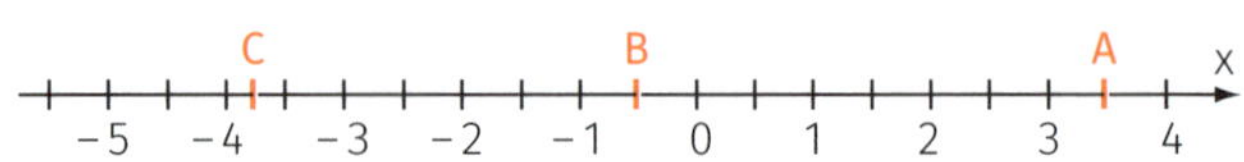

A = __________; B = __________; C = __________

3.2 Natürliche, ganze und rationale Zahlen

Regeln & Formeln

Zahlenmengen

- Die **Menge ℕ der natürliche Zahlen** besteht aus der Null und allen positiven, ganzen Zahlen: ℕ = {0, 1, 2, 3, ...}.
- Die **Menge ℤ der ganzen Zahlen** enthält zusätzlich zu den natürlichen Zahlen auch die negativen, ganzen Zahlen (−1; −2; −3; ...).
- Wenn man zu dieser Menge der ganzen Zahlen noch alle positiven und negativen Brüche und Dezimalbrüche hinzunimmt, erhält man die **Menge ℚ der rationalen Zahlen**.

Man kann sich die Beziehung der verschiedenen Zahlenmengen anhand der Kreise einer Zielscheibe veranschaulichen. Jeder Kreis der Zahlenmenge enthält gleichzeitig die Kreise, die in ihm liegen. So ist z. B. die Zahl 7 nicht nur eine natürliche Zahl, sondern auch eine ganze und rationale Zahl. Die Dezimalzahl 2,75 hingegen gehört nur zu ℚ, nicht aber zu ℕ oder zu ℤ.

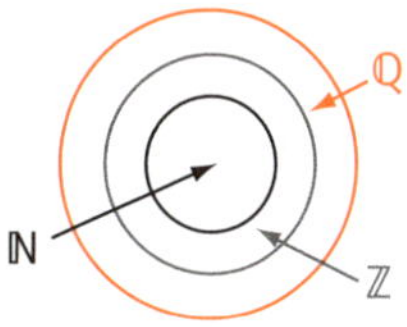

Tipp

Manchmal verbirgt sich hinter einem Bruch oder einem Dezimalbruch eine ganze bzw. natürliche Zahl: 5,0 = 5 oder $\frac{18}{3} = 6$. Teste dies vor der Zuordnung zu einer Zahlenmenge!

3 Ordne die Zahlen den richtigen Zahlenmengen zu.

a) 0; −2; 5; 3,1; $\frac{4}{5}$; $-\frac{16}{2}$; $+\frac{7}{1}$; 1,0

ℕ: ______________________

ℤ: ______________________

ℚ: ______________________

b) $\frac{8}{5}$; $-\frac{10}{5}$; −0,1; $+\frac{3}{1}$; −2,5; $+2\frac{1}{3}$

ℕ: ______________________

ℤ: ______________________

ℚ: ______________________

3.3 Addition und Subtraktion rationaler Zahlen

Regeln & Formeln

Ausdrücke wie $a + b$ und $a - b$ (mit $a, b \in \mathbb{Q}$ und $b > 0$) kann man auf dem Zahlenstrahl leicht mit einem **Additions- bzw. Subtraktionspfeil** berechnen. Zur Berechnung von $a + b$ geht man von a aus um b Einheiten nach *rechts*. Das Ende des Pfeils zeigt das Ergebnis an:

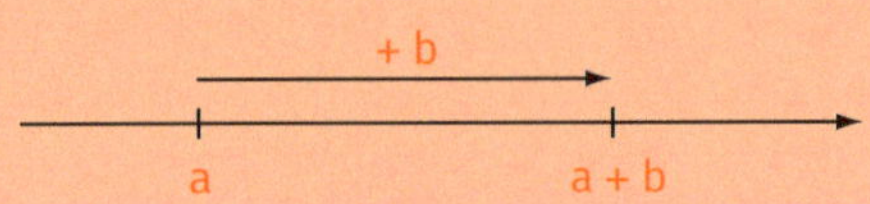

Zur Berechnung von $a - b$ geht man von a aus um b Einheiten nach *links*. Das Ende des Pfeils zeigt das Ergebnis an:

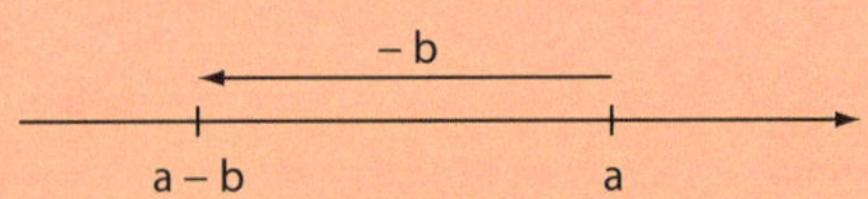

Beachte: Das **Rechenzeichen** gibt an, was man tun soll: addieren oder subtrahieren. Ein Rechenzeichen steht immer zwischen zwei Zahlzeichen.
Das **Vorzeichen** zeigt an, ob es sich um eine positive oder negative Zahl handelt. Links von einem Vorzeichen steht entweder gar nichts oder eine Klammer.

Beispiel 1: Auf dem nebenstehenden Zahlenstrahl ist die Rechnung **+2 – 6** veranschaulicht. Von „+2“ aus geht man 6 Schritte nach links und landet bei „–4“: **+2 – 6 = –4**

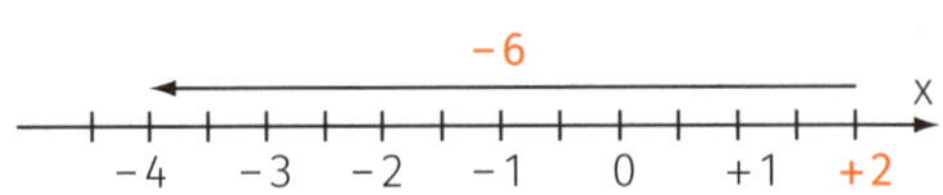

4 Veranschauliche im Heft auf einem Zahlenstrahl und gib das Ergebnis an.

a) $-3 + 7 =$ ______ b) $5 - 8 =$ ______ c) $-1 - 5 =$ ______ d) $-7{,}5 + 4 =$ ______

5 An einem Wintertag zeigt das Thermometer 5° C an. Am nächsten Tag fällt die Temperatur um 12° C. Wie kalt ist es dann?

____

6 Maria hat noch 15 € auf ihrem Konto. Um sich eine neue Musik-CD kaufen zu können, hebt sie 21 € ab. Welchen Kontostand hat ihr Konto dann?

____

Regeln & Formeln

Ohne Zahlenstrahl berechnet man Ausdrücke wie $a + b$ und $a - b$ (mit $a, b \in \mathbb{Q}$ und $b > 0$) nach folgenden Regeln:

1. Das Vor- bzw. Rechenzeichen, das vor dem größeren Zahlzeichen steht, gibt das Vorzeichen des Ergebnisses an.
2. Steht vor a und b das **gleiche Vor- bzw. Rechenzeichen**, erhält man den Betrag des Ergebnisses, indem man die Beträge von a und b **addiert**.
3. Stehen vor a und b **verschiedene Vor- bzw. Rechenzeichen**, erhält man den Betrag des Ergebnisses, indem man den kleineren Betrag vom größeren **subtrahiert**.

Beispiel 2: Es ist $-4 + 7 = +3$, weil „+" vor der größeren Zahl 7 steht. Wegen der unterschiedlichen Vor- bzw. Rechenzeichen, muss man $7 - 4 = 3$ rechnen, um den Betrag des Ergebnisses zu erhalten.

7 Schreibe zuerst das Vorzeichen in das Kästchen ☐. Berechne dann den Betrag des Ergebnisses.

a) $-2 + 9 =$ ☐ ______ b) $-3 - 8 =$ ☐ ______ c) $52 - 75 =$ ☐ ______

8 Berechne.

a) $-2{,}5 + 3{,}9 =$ ______ b) $-5{,}75 - 1{,}25 =$ ______

c) $\frac{4}{7} - \frac{18}{7} = \frac{\quad}{\quad} =$ ______ d) $-\frac{31}{5} + 3{,}4 =$ ______ $=$ ______

Regeln & Formeln

Einfache Klammerausdrücke

Wenn in Rechenausdrücken rationale Zahlen eingeklammert sind, sollte man die Klammern nach folgenden Regeln auflösen, bevor man weiterrechnet:

- Steht vor einer Klammer kein Rechenzeichen, lässt man sie einfach weg:
  $(+a) = +a$ und $(-a) = -a$; z. B. $(+9) = +9$ oder $(-9) = -9$
- Steht vor einer Klammer ein Vor- bzw. Rechenzeichen, gilt:
  Bei **gleichen Vor- bzw. Rechenzeichen** erhält man Plus:
  $+(+a) = +a$; $-(-a) = +a$; z. B. $4 + (+7) = 4 + 7$ oder $4 - (-7) = 4 + 7$
  Bei **verschiedenen Vor- bzw. Rechenzeichen** erhält man Minus:
  $-(+a) = -a$; $+(-a) = -a$; z. B. $3 - (+8) = 3 - 8$ oder $3 + (-8) = 3 - 8$

9 Schreibe ohne die Klammer und berechne.

a) $(+4) + (-8)$ b) $(-5) - (-7)$ c) $(+15) - (+9)$

d) $(-12) + (+7)$ e) $(-7{,}2) + (+9{,}5)$ f) $\left(-\frac{2}{3}\right) - \left(+\frac{2}{3}\right)$

Regeln & Formeln

Kompliziertere Klammern auflösen

Klammern um eine Summe bzw. Differenz können auch aufgelöst werden, ohne dass man zuvor den Klammerinhalt berechnen muss. Dabei gilt:

- Steht vor der Klammer nichts oder ein Plus, kann man die Klammer einfach weglassen; z. B. ist $+(4 - 5 - 7) = +4 - 5 - 7$.
- Steht vor der Klammer ein Minus, muss man alle Rechenzeichen in der Klammer „umdrehen", bevor man die Klammer streichen darf. „Umdrehen" heißt: aus „+" wird „–" und aus „–" wird „+"; z. B. ist $-(2 - 8 + 5) = -2 + 8 - 5$.

Wichtiger Sonderfall:

Falls der erste Summand in der Klammer ein Vorzeichen trägt, gilt:
„+(–" wird zu „–"; „–(+" wird zu „–"; „+(+" wird zu „+"; „–(–" wird zu „+";
z. B. $1 + (-8 - 3 - 5) = 1 - 8 - 3 - 5$.

10 Schreibe erst ohne die Klammern und berechne dann.

a) $(3 + 5) - 7 =$ ____________________

b) $-4 - (5 - 7 + 1) =$ ____________________

c) $2 + (-8 + 7) =$ ____________________

d) $-(+4{,}5) - (-6{,}1 - 0{,}5) =$ ____________________

e) $(-0{,}9 - 7{,}1) - \left(+\frac{1}{2} - \frac{3}{4}\right) =$ ____________________

11 Berechne zuerst die Klammerinhalte. Du müsstest dieselben Ergebnisse wie bei Aufgabe 10 erhalten.

a) $(3 + 5) - 7 =$ ____________________

b) $-4 - (5 - 7 + 1) =$ ____________________

c) $2 + (-8 + 7) =$ ____________________

d) $-(+4{,}5) - (-6{,}1 - 0{,}5) =$ ____________________

e) $(-0{,}9 - 7{,}1) - \left(+\frac{1}{2} - \frac{3}{4}\right) =$ ____________________

3.4 Multiplikation rationaler Zahlen

Regeln & Formeln

Man **multipliziert zwei rationale Zahlen** miteinander, indem man zunächst ihre Beträge multipliziert. Das Vorzeichen des Produkts erhält man mit folgenden Regeln:

- Haben beide Zahlen das **gleiche Vorzeichen**, trägt das Ergebnis ein Pluszeichen; z. B. $(-9) \cdot (-7) = +63$.
- Haben beide Zahlen **unterschiedliche Vorzeichen**, trägt das Ergebnis ein Minuszeichen; z. B. $(+5) \cdot (-7) = -35$.

Beachte: Wenn zwei Klammerterme nebeneinander stehen, ist immer „mal" gemeint, auch wenn kein Malpunkt da steht. So gilt: $(+5)(-7) = (+5) \cdot (-7) = -35$.

12 Fülle die Tabelle aus.

1. Faktor	2. Faktor	Vorzeichen des Produkts	Betrag des Produkts
$+8$	-4		
-12	-7		
$-\frac{5}{9}$	$\frac{3}{10}$		

13 Berechne. Achte auf die Vorzeichen, die du noch ergänzen musst ☐.

a) $(-7) \cdot (+4) =$ ______ b) $(☐9)(-8) = +$ ______ c) $(-6) \cdot (☐6) = -$ ______

Regeln & Formeln

Man **multipliziert mehrere rationale Zahlen** miteinander, indem man zunächst ihre Beträge multipliziert. Das Vorzeichen des Produkts erhält man mit folgenden Regeln:

- Ist die Zahl der vorkommenden Minuszeichen **gerade**, trägt das Ergebnis ein Pluszeichen; z. B. $(-2) \cdot (+3) \cdot (-4) \cdot (+2) = +48$.
- Ist die Zahl der vorkommenden Minuszeichen **ungerade**, trägt das Ergebnis ein Minuszeichen; z. B. $(-5) \cdot (+2) \cdot (-4) \cdot (-3) = -120$.

Beachte: Bei der **Multiplikation mit 0** braucht man sich weder um das Vorzeichen noch um den Betrag des Ergebnisses kümmern. Denn falls in einem Produkt auch nur eine 0 als Faktor vorkommt, ist das ganze Ergebnis immer 0!

14 Berechne im Heft.

a) $9 \cdot (+5) \cdot (-2)$ b) $6 \cdot (-7) \cdot 3 \cdot (-2)$ c) $(-3) \cdot (-4) \cdot (-5) \cdot (+1)$

3.5 Division rationaler Zahlen

Regeln & Formeln

Die **Division zweier rationaler Zahlen** führt man zunächst mit den Beträgen beider Zahlen durch. Das Vorzeichen des Ergebnisses wird nach den gleichen Regeln wie bei der Multiplikation ermittelt:

- Haben beide Zahlen das **gleiche Vorzeichen**, trägt das Ergebnis ein Pluszeichen; z. B. $(-24):(-6) = +4$.
- Haben beide Zahlen **unterschiedliche Vorzeichen**, trägt das Ergebnis ein Minuszeichen; z. B. $(+48):(-8) = -6$.
- Für **Brüche mit negativem Zähler und/oder Nenner** gelten entsprechend diesen Vorzeichenregeln: $\frac{-3}{4} = \left(-\frac{3}{4}\right)$; $\frac{3}{-4} = \left(-\frac{3}{4}\right)$; $\frac{-3}{-4} = \frac{3}{4}$.

Beachte: Die Division durch 0 ist nicht zulässig!

15 Berechne. Ergänze fehlende Vorzeichen.

a) $(-28):(+4) =$ ______ b) $(-63):(\square 9) = +$ ______ c) $(-54):(\square 6) = -$ ______

d) $-3:\left(-\frac{3}{4}\right) =$ ______ e) $-\frac{1}{2}:\left(+\frac{5}{4}\right) = \square$ —— f) $-\frac{3}{4}:8 = \square$ ——

16 Dividiere die Zahlen der linken Spalte durch die Zahlen der oberen Zeile und trage die Dezimalbrüche in die Tabelle ein.
Wenn du die Ergebnisse der Größe nach absteigend ordnest, ergeben die Buchstaben in den Feldern einen Lösungssatz.

:	4	−2	+3	−1
+15	R	E	H	T
−12	H	E	N	S
$-\frac{1}{2}$	E	U	R	G
0,48	G	E	T	C

Lösungssatz: ______________________________

17 Schreibe so um, dass in Zähler und Nenner der Brüche kein Minus mehr steht und berechne.

a) $\frac{7}{5} + \frac{-2}{-5}$ b) $\frac{3}{7} - \frac{9}{-7}$ c) $\frac{5}{22} + \frac{-2}{11}$ d) $\frac{5}{6} - \frac{-9}{8}$

3.6 Verbindung der Rechenarten

Auch beim Rechnen mit rationalen Zahlen gelten die Rechenregeln „Klammer zuerst“ und „Punkt vor Strich“. Achte auch auf das Distributivgesetz.

Regeln & Formeln

Distributivgesetz der Multiplikation

$$\mathbf{a} \cdot (b + c) = \mathbf{a} \cdot b + \mathbf{a} \cdot c$$

Das Anwenden des Distributivgesetzes nennt man auch **Ausmultiplizieren**.

Beispiel 3:

1. Fall: Der **Faktor a** steht in keiner Klammer: Man multipliziert jeden Summanden in der Klammer mit a und löst danach die Klammer auf (→ Seite 34).

$$1 - \mathbf{3} \cdot (2 - 7 + 9) = 1 - (\mathbf{6} - \mathbf{21} + \mathbf{27}) = 1 - 6 + 21 - 27$$

2. Fall: Der **Faktor a** steht ebenfalls in einer Klammer: Man multipliziert *unter Beachtung der Vorzeichenregeln* (→ Seite 35) jeden Summanden in der Klammer mit a und löst danach die Klammer auf.

$$2 + (\mathbf{-3}) \cdot (5 + 8) = 2 + \left(5 \cdot (\mathbf{-3}) + 8 \cdot (\mathbf{-3})\right) = 2 + (\mathbf{-15 - 24}) = 2 - 15 - 24$$

18 Berechne im Heft. Beachte die Regel „Punkt vor Strich“.

a) $25 - 24 + 8 \cdot (-5) - 21$

b) $(-12) + 9 : \left(-\frac{3}{4}\right) \cdot (-7) + 8{,}5$

c) $-\frac{7}{5} - \frac{12}{5} \cdot 4 - (-6{,}5) \cdot 2$

d) $(-5) \cdot \left(-3\frac{1}{2}\right) + 3{,}5 - 5 \cdot 7{,}2$

19 Denke an das Distributivgesetz und trage die richtigen Vor- bzw. Rechenzeichen in die Kästchen ein.

a) $-2 \cdot (8 - 12) = \square 16 \square 24$

b) $(-3 - 7) \cdot 5 = \square 15 \square 35$

c) $3 + (-2) \cdot (5 - 9) = 3 \square (\square 10 \square 18) = 3 \square 10 \square 18$

d) $1 - (9 - 2) \cdot (-4) = 1 \square (\square 36 \square 8) = 1 \square 36 \square 8$

20 Multipliziere die Klammern aus und berechne im Heft.

a) $1 - 6 \cdot (3 - 5)$

b) $2 - (-5 + 9) \cdot 7$

c) $9 - (3 - 4) \cdot (-6)$

d) $2{,}5 - \frac{3}{4} \cdot \left(-8 + \frac{4}{3}\right)$

Tipp

Man kann das Distributivgesetz auch „rückwärts“ anwenden: $\mathbf{a} \cdot b + \mathbf{a} \cdot c = \mathbf{a} \cdot (b + c)$. Mit diesem Rechenvorgang, dem sogenannten **Ausklammern**, kann man sich die Rechnung manchmal erleichtern.

Z. B.: $-12 \cdot \mathbf{14} + 15 \cdot \mathbf{14} = \mathbf{14} \cdot (-12 + 15) = 14 \cdot 3 = 42.$

21 Berechne durch Ausklammern.

a) $-86 \cdot 7 + 36 \cdot 7$

b) $-20 \cdot 67 + (-20) \cdot 33$

c) $\frac{4}{5} \cdot 2{,}45 - 0{,}95 \cdot \frac{4}{5}$

d) $0{,}5 \cdot 2\frac{1}{6} - 0{,}5 \cdot \left(-3\frac{5}{6}\right)$

Regeln & Formeln

Distributivgesetz der Division

$$(b + c) : \mathbf{a} = b : \mathbf{a} + c : \mathbf{a}$$

Beispiel 4:

1. Fall: Der **Faktor a** steht in keiner Klammer: Man dividiert jeden Summanden in der Klammer durch a und löst danach die Klammer auf (→ Seite 34).

$1 - (12 - 16) : \mathbf{4} = 1 - (\mathbf{3} - \mathbf{4}) = 1 - 3 + 4$

2. Fall: Der **Faktor a** steht ebenfalls in einer Klammer: Man dividiert jeden Summanden in der Klammer *unter Beachtung der Vorzeichenregeln* (→ Seite 35) durch a und löst danach die Klammer auf.

z. B. $2 + (15 + 18) : (\mathbf{-3}) = 2 + \left(15 : (\mathbf{-3}) + 18 : (\mathbf{-3})\right) = 2 + (\mathbf{-5} - \mathbf{6}) = 2 \mathbf{- 5 - 6}$

Zur Erinnerung: Man dividiert durch einen Bruch, indem man mit seinem Kehrbruch multipliziert.

22 Ergänze in den Kästchen die richtigen Vor- bzw. Rechenzeichen.

a) $3 + (-35 - 20) : 5 = 3 \square (\square 7 \square 4) = 3 \square 7 \square 4$

b) $(+22 - 14) : (-2) = (\square 11 \square 7) = \square 11 \square 7$

c) $7 - (-30 + 18) : (-6) = 7 \square (\square 5 \square 3) = 7 \square 5 \square 3$

d) $9 + (24 - 32) : (+4) = 9 \square (\square 6 \square 8) = 9 \square 6 \square 8$

23 Wende das Distributivgesetz an, löse die Klammern auf und berechne.

a) $7 - (14 - 35) : 7 =$ ____________________

b) $5 + (-27 + 18) : (-9) =$ ____________________

c) $1 - (12 + 30) : (-6) =$ ____________________

d) $3 + (-4 + 8) : \left(-\frac{4}{7}\right) =$ ____________________

e) $4{,}5 - (2{,}0 - 7{,}5) : (-5) =$ ____________________

f) $-\frac{2}{3} - \left(-\frac{1}{2} + \frac{5}{6}\right) : \left(-\frac{1}{6}\right) =$ ____________________

20 Nenne zwei alltägliche Beispiele, bei denen man mit negativen Zahlen rechnen muss. ______

21 Wo liegen die negativen Zahlen auf der Zahlengeraden und wie erhält man die Gegenzahl von einer Zahl? ______

______

22 Wie hängen die Zahlenmengen $\mathbb{N}$, $\mathbb{Z}$ und $\mathbb{Q}$ miteinander zusammen?

______

23 Nach welchen Regeln löst man die Klammern in Ausdrücken wie $+(+a)$; $+(-a)$; $-(+a)$ und $-(-a)$ auf? ______

______

24 Nach welcher Regel löst man die Klammern um eine Summe auf, wenn vor der Klammer ein Plus steht? Welchen Sonderfall muss man dabei beachten?

______

25 Nach welcher Regel löst man die Klammern um eine Summe auf, wenn vor der Klammer ein Minus steht? Welchen Sonderfall muss man dabei beachten?

______

______

26 Wie lauten die Vorzeichenregeln bei der Multiplikation (bzw. Division) zweier rationaler Zahlen?

______

27 Nach welchen Regeln multipliziert man *mehrere* rationale Zahlen miteinander? ______

28 Warum ist es so angenehm, wenn in einem Produkt der Faktor 0 vorkommt?

______

29 Wie dividiert man durch einen negativen Bruch?

______

__/4 **1** Trage die Punkte in ein Koordinatensystem ein und verbinde sie. Du erhältst eine schöne Figur. A(0,5|−1); B(2,5|−0,5); C(0,5|0); D(0|2,5); E(−0,5|0); F(−2,5|−0,5); G(−0,5|−1); H(0|−3,5)

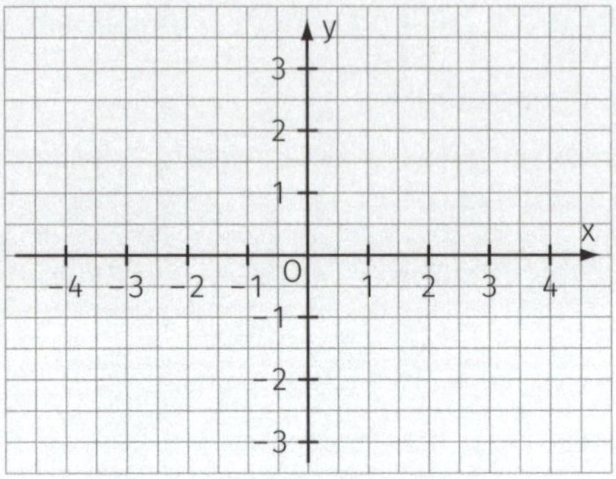

__/3 **2** Markiere alle Buchstaben, die über einer ganzen Zahl stehen. Du erhältst so ein Lösungswort.

U	Z	A	E	H	I	L	E	K	R	N	N	M	A	E	H	E	N	O	L	G	E
1,7	2	9	$\frac{5}{7}$	−1	$\frac{2}{3}$	+5	7	3,5	$2\frac{1}{4}$	0,1	12	−5	$\frac{3}{2}$	4,1	$\frac{4}{8}$	|−5|	−3	0,1	$\frac{9}{11}$	−8	−101

__/6 **3** Berechne.

a) $3{,}5 + (-2{,}4) - 21 - (-17) =$ ______

b) $9 - [-6 + (-4)] - 8 =$ ______

c) $-[12{,}4 - (-8{,}2)] - \left[-3{,}25 + \left(-\frac{1}{2}\right)\right] - (4{,}6 - 2{,}5) =$ ______

__/6 **4** Berechne jeweils das Produkt der Zahlen rund um ein weißes Feld und schreibe das Ergebnis in das weiße Feld. Wenn du die weißen Felder von groß nach klein ordnest, erfährst du, wie du bist.

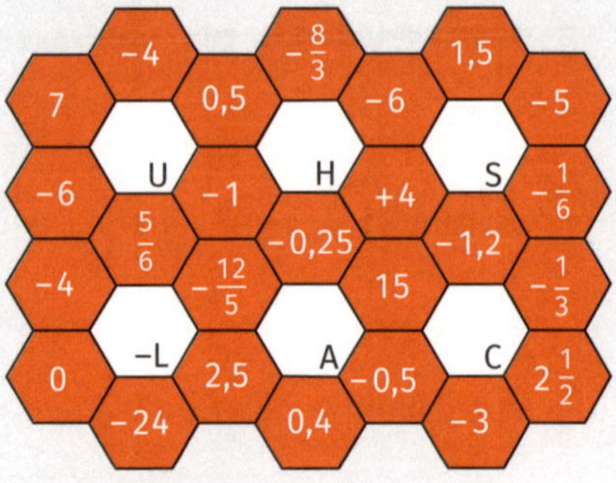

5 Berechne. __/4

a) $15 + (-8) : \frac{3}{4} \cdot (-6) - (-59) =$ ______

b) $-36 \cdot \left(-\frac{7}{9}\right) + 2{,}5 \cdot (-8) + 8 : \left(-\frac{16}{7}\right) =$ ______

6 Multipliziere die Klammer aus und berechne. __/4

a) $0{,}5 \cdot (-10) - 8 \cdot \left(-\frac{3}{4} + 2\right) =$ ______

b) $1{,}2 - \left(1{,}5 + \frac{4}{3}\right) \cdot (-6) =$ ______

7 Klammere aus und berechne. __/2

a) $3 \cdot (-2{,}75) + 3 \cdot 1{,}25 =$ ______

b) $-82{,}5 \cdot 19 + 19 \cdot 12{,}5 =$ ______

8 Trage die Beträge der Ergebnisse ein. Wenn du die Buchstabenfelder der Größe nach ordnest (beginne mit der kleinsten Zahl), erhältst du das Lösungswort. (Nebenrechnungen im Heft.) __/9

Waagrecht:

1) $-55 + (-65)$
3) $-(-12) + (-3) \cdot (-9)$
5) $(-27) \cdot \left(-\frac{1}{3}\right) - 36 : \left(-\frac{1}{2}\right)$
6) $\left[5 + 15 : \left(-\frac{1}{5}\right)\right] \cdot \left[(-3) : \frac{1}{3}\right]$
7) $5 \cdot \left(-\frac{81}{4} - 79{,}75\right) + 1{,}5 \cdot (-32)$
10) $1 + [3 \cdot (-4) - (+7)] \cdot (-10)$
12) $2 \cdot (-1{,}5) \cdot (-11 - 100)$
15) $-61 : \frac{1}{3} + 15 : \left(-\frac{1}{9}\right)$

1	2	G	■	3	4 T
5		■	6 A		
■	7	8 E	H	■	C
9 M	■	10		11 U	■
12	13 G		■	T	14
		■	15		

Senkrecht:

1) $10 - (7 - 15)$
2) $85 - 65 \cdot (-2)$
3) $\frac{1}{3} \cdot 85 - (-14) \cdot \frac{1}{3}$
4) $1007 + (-10) : 0{,}1$
6) $-(-148) + (-1) \cdot (-541)$
8) $400 + 90 \cdot \left(-\frac{2}{15} + \frac{5}{18}\right)$
9) $-251 + 790$
11) $(5 - 16)[1 + 3 \cdot (-4)]$
13) $-3 \cdot 5 + (-15)$
14) $-4 \cdot (-3{,}2) + 3{,}2 : (-4) - 4 \cdot (-9)$

Gesamtpunktzahl ___/38

4 Dreisatzrechnung

Tina soll für ihre Mutter 5 Brötchen beim Bäcker besorgen. Die Kundin vor Tina muss für 3 Brötchen 0,75 € bezahlen. Tina überlegt, wie viel sie wohl bezahlen muss. Aus dem Mathematikunterricht weiß Tina, dass sie eine Dreisatzrechnung anwenden muss. Wie funktioniert diese?

4.1 Proportionale Zuordnungen

Regeln & Formeln

Wenn eine Größe y von einer anderen Größe x abhängt (z. B. der Preis y von der Zahl x der eingekauften Brötchen), spricht man von einer **Zuordnung: $x \rightarrow y$** (Jedem Wert x wird genau ein Wert y zugeordnet.)
Gehört zum 2-, 3-, 4-, ... fachen der Größe x auch das 2-, 3-, 4-, ... fache der Größe y, nennt man die Zuordnung **proportional**.
Aus der Zuordnung zweier bekannter Zahlenwerte kann man mithilfe der Dreisatzrechnung in der Form „*Je mehr von x – desto mehr von y*" auf jede beliebige andere Zuordnung schließen (→ Beispiel 1).
Beachte: Bei proportionalen Zuordnungen ist der **Quotient $y:x$** immer gleich!

Beispiel 1: Gesucht ist der Preis, den Tina für 5 Brötchen bezahlen muss, wenn 3 Brötchen 0,75 € kosten.

1. Schritt: Zunächst notiert man sich die Zuordnung der bekannten Werte so, dass die Einheit der gesuchten Größe (hier der Preis) auf der rechten Seite steht.

	3 Brötchen	→	0,75 €	
:3	1 Brötchen	→	0,25 €	:3
·5	5 Brötchen	→	1,25 €	·5

2. Schritt: Dann rechnet man auf den „1er-Wert" der linken Größe. Dazu teilt man beide Seiten durch dieselbe Zahl. Hier durch 3.

3. Schritt: Schließlich rechnet man auf die gesuchte Zuordnung hoch, indem man beide Seiten mit derselben Zahl multipliziert. Hier mit 5.
Ergebnis: Tina muss für 5 Brötchen 1,25 € bezahlen.

Tipp

Teilt man eine Zahl durch sich selbst, erhält man immer 1.
Die Zahl, durch die man zur **Berechnung des 1er-Werts** teilen muss, steht also immer schon da – nämlich im Dreisatzschema links oben.

1 Ergänze die Lücken mit der richtigen Rechenvorschrift und berechne den gesuchten Wert.

a)

7 Äpfel	3,50 €
1 Apfel	___ €
12 Äpfel	___ €

b)

14 Flaschen	21 kg
1 Flasche	___ kg
8 Flaschen	___ kg

c)

5 Lose	___ Cent
1 Los	50 Cent
60 Lose	___ Cent

d)

___ Liter	450 km
1 Liter	___ km
60 Liter	___ km

:27

2 Peter misst seinen Herzschlag und zählt 18 Schläge in 15 s.
Wie oft schlägt sein Herz in einer Stunde?

3 Aus einem defekten Wasserhahn tropfen in 5 min 32 ml Wasser.
Wie viel Liter Wasser fließen in einem Tag ungenutzt in den Abfluss?
Wie teuer wird die Wasserverschwendung in einem Jahr, wenn 1 m³ Wasser 4,95 € kostet?

4 Eine Biene sammelt pro Flug ca. 16 mg Honig.
Wie oft muss die Biene für 500 g Honig ausfliegen?

5 Familie Bader fährt mit dem Auto in den Urlaub.

Nach 120 km Fahrt zeigt die Tankuhr einen Verbrauch von 8 ℓ an.

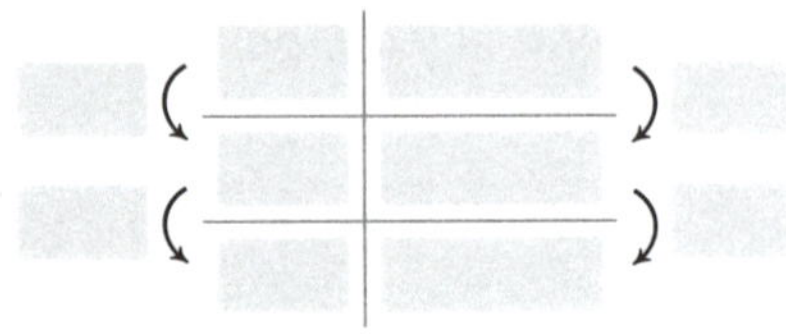

a) Wie viel Liter Benzin braucht Familie Bader für die 540 km lange Gesamtstrecke?

b) Durch den Verbrauch von 1 Liter Benzin werden ca. 2,4 kg des Treibhausgases Kohlendioxid freigesetzt. Wie viel kg Kohlendioxid hat Familie Bader auf ihrer Urlaubsreise in die Luft geblasen?

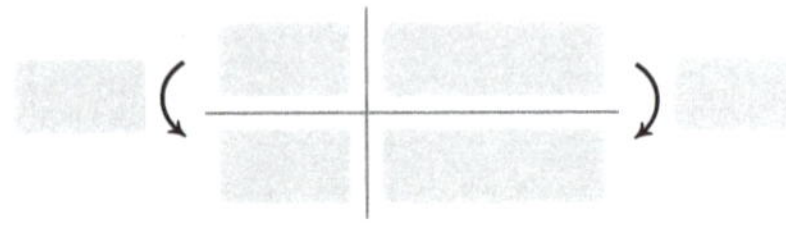

Schon gewusst? Der Name **Dreisatz** kommt daher, weil man zur Berechnung der gesuchten Größe immer drei Sätze formulieren muss: für jede der drei Zuordnungen einen. Wenn die 1er-Zuordnung schon bekannt ist, spricht man von einem Zweisatz, weil dann nur zwei Zuordnungen nötig sind.

4.2 Umgekehrt proportionale Zuordnungen

Regeln & Formeln Bei **umgekehrt proportionalen Zuordnungen $x \mapsto y$** gehört zum 2-, 3-, 4-, ... fachen der Größe x der zweite, dritte, vierte, ... Teil der anderen Größe y. Aus der Zuordnung zweier bekannter Zahlenwerte kann man mithilfe der Dreisatzrechnung in der Form „*Je mehr von x – desto weniger von y*“ auf jede beliebige andere Zuordnung schließen. Dabei muss man auf beiden Seiten des Dreisatzschemas die **entgegengesetzte Rechenoperation** durchführen (→ Beispiel 2).

Beachte: Bei umgekehrt proportionalen Zuordnungen ist das **Produkt $x \cdot y$** immer gleich!

Beispiel 2: 4 Freunde möchten eine Tüte Bonbons gerecht unter sich verteilen. Insgesamt sind 36 Bonbons in der Tüte.
Wie viele Bonbons würde jeder bekommen, wenn es 6 Freunde wären?
Die Zuordnung ist umgekehrt proportional. Denn je mehr Freunde es sind, desto weniger Bonbons bekommt jeder.

1. Schritt: Zunächst notiert man sich die Zuordnung der bekannten Werte so, dass die Einheit der gesuchten Größe (hier Bonbons) auf der rechten Seite steht.

	4 Freunde	→	36 Bonbons	
:4	1 Freund	→	144 Bonbons	·4
·6	6 Freunde	→	24 Bonbons	:6

2. Schritt: Dann rechnet man auf den „1er-Wert" der linken Größe. Dazu teilt man die linke Seite durch 4. Die rechte Seite muss man mit 4 multiplizieren.

3. Schritt: Schließlich rechnet man auf die gesuchte Zuordnung hoch, indem man links mit 6 multipliziert und rechts durch 6 teilt.

Ergebnis: Bei 6 Freunden bekommt jeder 24 Bonbons.

(Hinweis: In jeder der drei Zuordnungen ist das Produkt aus linker und rechter Seite immer 144.)

6 Ergänze die Lücken mit der richtigen Rechenvorschrift und berechne den gesuchten Wert. Die Zuordnungen sind jeweils umgekehrt proportional.

a)

	3 Arbeiter	16 Tage	
	1 Arbeiter	Tage	
	8 Arbeiter	Tage	

b)

	$80\,\frac{km}{h}$	4,5 h	
	$1\,\frac{km}{h}$	h	
	$90\,\frac{km}{h}$	h	

c)

	12 Stück	30 g	
	1 Ganzes	g	
	15 Stück	g	

d)

	Gläser	0,2 ℓ	
	1 Glas	ℓ	·6
	8 Gläser	ℓ	

7 Die Klasse 6a plant eine Klassenfahrt, bei der jeder der 32 Schülerinnen und Schüler 6,30 € für die Busfahrt bezahlen muss. Wie viel muss jeder Einzelne bezahlen, wenn kurzfristig 4 krank werden und daher nichts zahlen?

8 Ein Bademeister möchte ein Schwimmbecken befüllen. Aus Erfahrung weiß er, dass das Schwimmbecken mit 5 Zuflüssen in 1,5 h gefüllt ist. Wie lange dauert das Befüllen, wenn ein Zufluss verstopft ist?

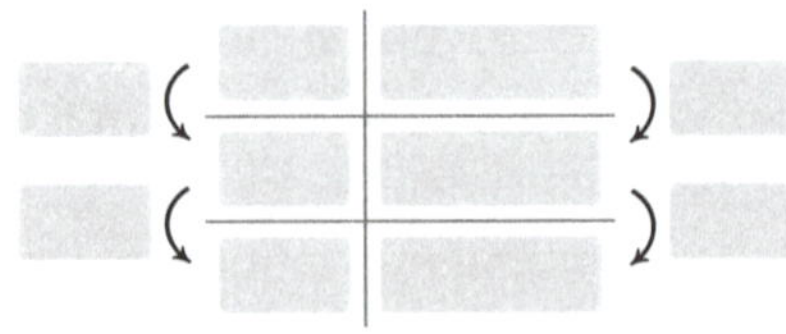

4.3 Grafische Darstellungen

Regeln & Formeln

Eine Zuordnung $x \mapsto y$ kann grafisch veranschaulicht werden, indem man eine **Wertetabelle** erstellt und die einzelnen **Wertepaare** in ein Achsenkreuz einträgt. Bei einer proportionalen Zuordnung erhält man als Schaubild eine **Ursprungsgerade** (→ Beispiel 3). Bei einer umgekehrt proportionalen Zuordnung erhält man als Schaubild eine **Hyperbel** (→ Beispiel 4).

Beispiel 3:

Im Beispiel 1 kostet 1 Brötchen 0,25 €, 2 Brötchen kosten 0,50 €, 3 Brötchen 0,75 €,... Man erhält somit folgende Wertetabelle:

Brötchen x	1	2	3	4	5	6
Preis y in €	0,25	0,50	0,75	1,00	1,25	1,50

Trägt man die Wertepaare (1 | 0,25); (2 | 0,5); (3 | 0,75); (4 | 1); (5 | 1,25) und (6 | 1,5) in ein Achsenkreuz ein, erhält man die nebenstehende Ursprungsgerade.

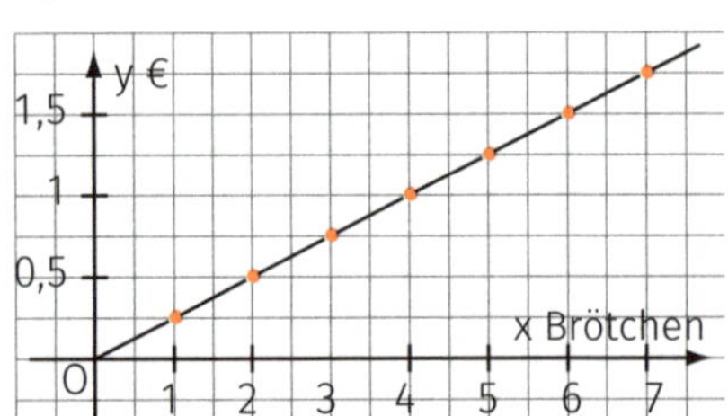

Anmerkung: Bei der eingezeichneten Geraden handelt es sich um eine sogenannte *Trägerkurve*; die die (real nicht existierenden) nicht-ganzzahligen Anteile der Brötchen auf der x-Achse verdeutlichen soll.

Beispiel 4:

Im Beispiel 2 erhält man folgende Wertetabelle:

Freunde x	1	2	3	4	5	6
Bonbons y	144	72	48	36	28,8	24

Trägt man die Wertepaare (1|144); (2|72); (3|48); (4|36); (5|28,8) und (6|24) in ein Achsenkreuz ein, liegen sie auf einer sogenannten Hyperbel.

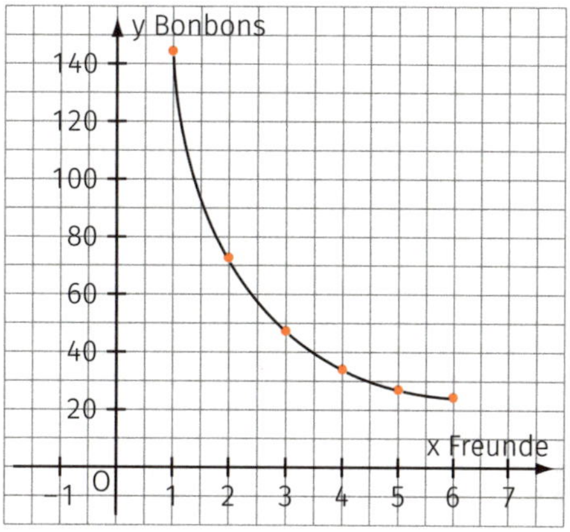

9 a) Ergänze die folgende Wertetabelle zu einer proportionalen Zuordnung und trage die Wertepaare in ein Achsenkreuz ein.

Birnen x	1	2	3		8	9
Gewicht y (in g)			450	750		

b) Ergänze die folgende Wertetabelle zu einer umgekehrt proportionalen Zuordnung und trage die Wertepaare in ein Achsenkreuz ein.

Maler x	1		3	4	8	12
Arbeitszeit y (in h)		6			1,5	

zu a)

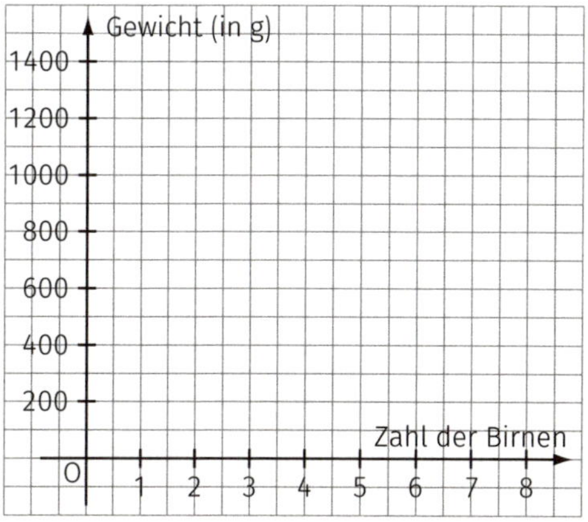

zu b)

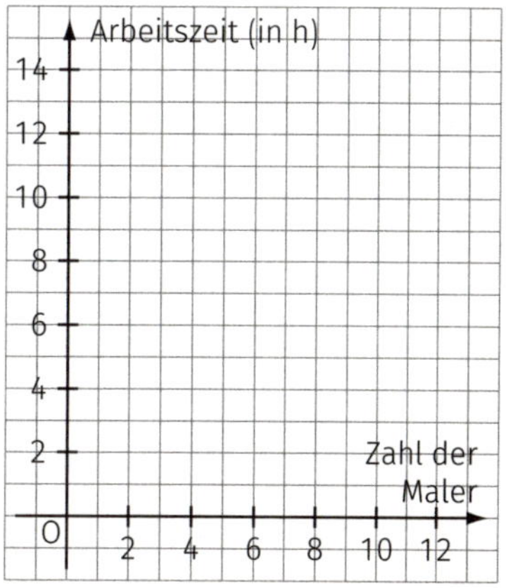

30 Mit welcher mathematischen Kurzschreibweise beschreibt man eine Zuordnung zweier Größen x und y? ______

31 Wie lautet der „*Je … – desto …*“-Satz bei einer proportionalen Zuordnung? Wie lautet der „*Je … – desto …*“-Satz bei einer umgekehrt proportionalen Zuordnung? ______

______

______

32 Wie erstellt man eine Wertetabelle?

______

33 In welcher Beziehung stehen bei einer proportionalen Zuordnung ein x-Wert und der zugehörige y-Wert? ______

______

34 In welcher Beziehung stehen bei einer umgekehrt proportionalen Zuordnung ein x-Wert und der zugehörige y-Wert? ______

______

35 Durch welche Zahl muss man eine beliebige Zahl a (mit $a \neq 0$) teilen, damit 1 herauskommt? ______

36 Worin unterscheiden sich im Dreisatzschema die Rechenoperationen bei einer proportionalen und einer umgekehrt proportionalen Zuordnung?

______

37 Wie kann man eine Zuordnung grafisch veranschaulichen?

______

38 Wie nenn man das Schaubild zu einer proportionalen Zuordnung?

______

39 Wie sieht das Schaubild zu einer umgekehrt proportionalen Zuordnung aus?

______

1 Um welche Art der Zuordnung handelt es sich? Formuliere jeweils einen *„je ..., desto ...“*-Satz. __/4

a) Menge an Kartoffeln – Gewicht des Einkaufskorbs ______________________________

____

b) Reisegeschwindigkeit – Fahrtdauer ______________________________

____

c) Menge Geld – Zahl der Hemden, die man einkaufen kann ______________________________

____

d) Benzinvorrat – Reisestrecke ______________________________

____

2 Ergänze die Lücken im Dreisatzschema (proportionale Zuordnung). __/4

a)

12 €	15 Birnen
1 €	Birnen
8 €	Birnen

b)

42 ℓ	56,70 €
1 ℓ	€
60 ℓ	€

3 Ergänze die Lücken im Dreisatzschema (umgekehrt proportionale Zuordnung). __/4

a)

4 Maler	7 h
1 Maler	h
5 Maler	h

b)

3 Pumpen	8,5 h
1 Pumpe	h
5 Pumpe	h

__/4 **4** Die Wertetabelle enthält Werte zu einer proportionalen Zuordnung. Ergänze die fehlenden Werte und trage die Wertepaare in ein Achsenkreuz ein.

Strecke in km	25	80	120		350	
Benzinverbrauch in ℓ				18	21	30

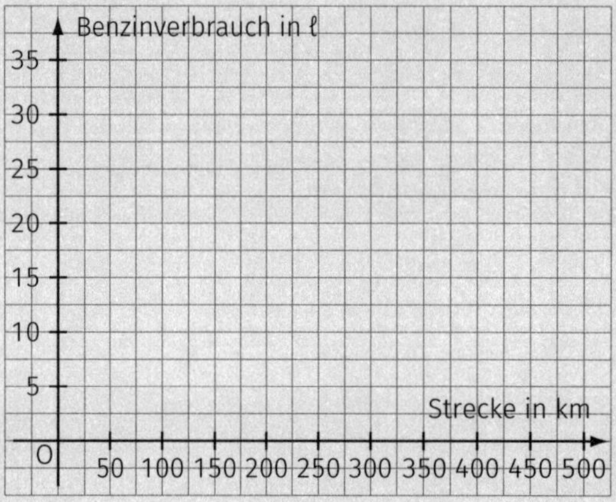

__/4 **5** Die Wertetabelle enthält Werte zu einer umgekehrt proportionalen Zuordnung.
Ergänze die fehlenden Werte und trage die Wertepaare in ein Achsenkreuz ein.

Breite eines Rechtecks (in m)	2	6			24	
Länge eines Rechtecks (in m)			15	12	4	2

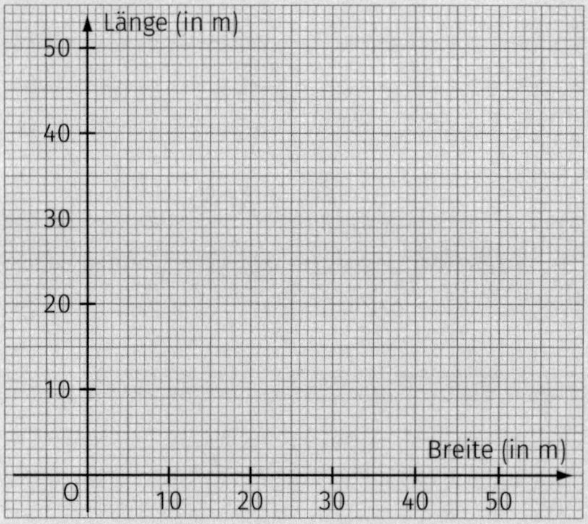

6 Herr Müller möchte mit seiner Familie in die USA reisen. Ein Kollege erzählt ihm, für 1500 € hätte er 2280 $ bekommen. __/4

a) Wie viel Dollar bekommt Herr Müller, wenn er 2000 € umtauschen will?

b) Wie viel Tage kann Familie Müller durch die USA reisen, wenn sie jeden Tag 200 $ ausgibt?

7 Ein Winzer füllt den gekelterten Wein in 180 Flaschen zu je 0,75 ℓ. __/4

a) Wie viele Flaschen hätte er befüllen können, wenn er 0,5-ℓ-Flaschen verwendet hätte?

b) Die 0,75-ℓ-Flaschen verkauft er für 3,95 € pro Flasche. Könnte er die Einnahmen steigern, wenn er die 0,5-ℓ-Flasche für 2,95 € verkauft?

8 Die Blätter eines Laubbaums haben insgesamt eine Fläche von 2400 m². Jeder Quadratmeter Blattfläche kann an einem Tag 1,5 g Kohlendioxid aus der Luft aufnehmen. __/4

a) Wie viel kg Kohlendioxid bindet der Baum innerhalb eines Jahres, wenn er 6 Monate (≈ 180 Tage) lang Blätter trägt?

b) Wie viele solcher Bäume wären nötig, um den jährlichen Kohlendioxidausstoß eines Pkw von 3240 kg auszugleichen?

Gesamtpunktzahl ___/32

5 Prozentrechnung

Kaufhäuser und Supermärkte locken ihre Kunden oft mit Preisnachlässen und Sonderangeboten. Da heißt es zum Beispiel: „20 % Rabatt auf alle Jeanshosen." oder „Wurst um 15 % billiger." Um die Wurst und um Prozente geht es aber auch bei politischen Wahlen, wo die Stimmenanteile der Kandidaten und Parteien ebenfalls in Prozent angegeben werden.
Was bedeuten solche Prozentangaben und wie rechnet man damit?

5.1 Grundbegriffe der Prozentrechnung

Regeln & Formeln Die Prozentrechnung ist eng verwandt mit der Bruchrechnung (→ Kapitel 1). Das Neue an der Prozentrechnung ist aber, dass Bruchteile nur mit solchen Brüchen beschrieben werden, deren **Nenner 100** ist. Dadurch kann man verschiedene Bruchteile leichter miteinander vergleichen.
Die Schreibweise für solche Brüche ist $\frac{p}{100} = p\,\%$.
Dabei ist p die **Prozentzahl**, p % nennt man den **Prozentsatz**.
Zum Beispiel ist $\frac{5}{100} = 5\,\%$ (sprich: „fünf Prozent").
Das Ganze nennt man in der Prozentrechnung **Grundwert G**, ein Teil des Ganzen heißt **Prozentwert W**.
Man wandelt einen **Bruch in einen Prozentsatz** um, indem man den Bruch zunächst als Dezimalbruch schreibt (→ Seite 19) und dann mit 100 multipliziert.
Zum Beispiel ist: $\frac{1}{4} = 0{,}25$. Damit ist: $\frac{1}{4} = 0{,}25 \cdot 100\,\% = 25\,\%$.

Den Grundwert G und den Prozentwert W kann man sich leicht anhand einer Pizza oder eines Kuchens veranschaulichen: Die ganze Pizza entspricht dem Grundwert. Ein Stück davon ist der Prozentwert. Den entsprechenden Prozentsatz erhält man, indem man den Quotienten W : G mit 100 multipliziert.

Schon gewusst? Der Name *„Prozent"* kommt aus dem Lateinischen *(pro centum)* und heißt übersetzt *„pro hundert"*. 5 % bedeutet also 5 „von Hundert", was auch mit dem Bruch $\frac{5}{100}$ ausgedrückt wird.

1 Wie viel Prozent der Gesamtfläche sind markiert?

a) 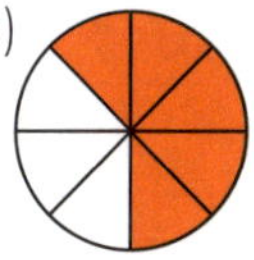

b) 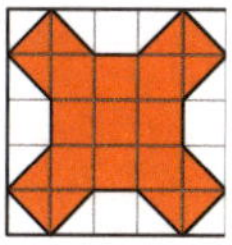

a) ____________________

b) ____________________

2 Schreibe die Brüche als Prozentsätze. Runde gegebenenfalls auf die zweite Dezimale. Berechne g), h) und i) im Heft.

a) $\frac{1}{2}$ = ______ % b) $\frac{3}{4}$ = ______ % c) $\frac{2}{5}$ = ______ %

d) $\frac{17}{25}$ = ______ % e) $\frac{9}{20}$ = ______ % f) $\frac{39}{50}$ = ______ %

g) $\frac{1}{3}$ = ______ % h) $\frac{5}{6}$ = ______ % i) $\frac{7}{12}$ = ______ %

3 Schreibe die Prozentsätze als vollständig gekürzte Brüche.

a) 5 % = ―― = ―― b) 20 % = ―― = ――

c) 75 % = ―― = ―― d) 40 % = ―― = ――

e) 50 % = ―― = ―― f) 90 % = ―― = ――

g) 12,5 % = ―― = ―― = ―― h) 7,25 % = ―― = ―― = ――

i) $66,\overline{6}$ % = ―― + ―― = ―― j) $33,\overline{3}$ % = ―― + ―― = ――

Tipp

Wenn die Prozentzahl p ein Dezimalbruch ist, muss man bei der Umrechnung von p % in einen Bruch folgendermaßen vorgehen:
Man schreibt p zunächst in den Zähler des Bruchs. Der Nenner ist 100. Dann erweitert man so mit einer 10er-Zahl, dass im Zähler eine ganze Zahl entsteht.
Zum Beispiel: $4{,}2\,\% = \frac{4{,}2}{100} = \frac{4{,}2 \cdot \mathbf{10}}{100 \cdot \mathbf{10}} = \frac{42}{1000} = \frac{21}{500}$

5.2 Rechnen mit Prozenten

Regeln & Formeln Aus zwei der drei Größen *Prozentwert*, *Grundwert* und *Prozentsatz* kann die dritte Größe mithilfe der Dreisatzrechnung berechnet werden. Dazu sollte man sich folgende Zuordnungen merken:
Der Grundwert G entspricht immer 100 %: **G → 100 %** bzw. **100 % → G**
Der Prozentwert W ist immer dem Prozentsatz p % zugeordnet: **p % → W**
Beachte: Die gesuchte Größe muss dabei immer *rechts* stehen!

Beispiel 1: Bei einer Umfrage geben 18 von 30 Schülerinnen und Schülern einer Klasse Mathematik als ihr Lieblingsfach an. Wie viel Prozent sind das?

Die 30 Schüler entsprechen dem **Grundwert**. Da der **Prozentsatz** gesucht ist, muss man 100 % auf die rechte Seite schreiben. Rechnet man auf den Prozentwert (= 18 Schüler) hoch, erhält man: $\frac{10}{3}\,\% \cdot 18 =$ **60 %**

	30 Schüler	→	**100 %**	
:30	1 Schüler	→	$\frac{10}{3}\,\%$	:30
·18	**18 Schüler**	→	**60 %**	·18

Beispiel 2: Ein neuer PC kostet 899 €. Nach einigen Monaten verbilligt sich der PC um 40 % seines ursprünglichen Preises. Wie viel Euro spart man, wenn man mit dem Kauf des PCs einige Monate wartet?

Der ursprüngliche Preis 899 € ist hier der **Grundwert**. Gesucht ist der **Prozentwert**, der dem Prozentsatz 40 % entspricht. Man spart dann also 359,60 €.

	100 %	→	**899 €**	
:100	1 %	→	8,99 €	:100
·40	**40 %**	→	**359,60 €**	·40

Beispiel 3: 35 % der Schüler eines Gymnasiums kommen mit dem Bus zur Schule. Das sind 245 Schüler. Wie viel Schüler gehen auf dieses Gymnasium?

Gesucht ist die Gesamtzahl der Schüler, also der **Grundwert**. Bekannt sind der **Prozentwert (= 245 Schüler)** und der **Prozentsatz 35 %**. Es gehen 700 Schüler auf das Gymnasium.

	35 %	→	**245 Schüler**	
:35	1 %	→	7 Schüler	:35
·100	**100 %**	→	**700 Schüler**	·100

4 Berechne den Prozentsatz (runde auf die zweite Dezimale, falls nötig). Schreibe den Dreisatz ins Heft.

a) 15 € von 75 € = ______________ b) 12 kg von 36 kg = ______________

c) 162 Autos von 180 Autos = ________ d) 36 Bäume von 480 Bäumen = ________

5 Berechne den Prozentwert. Schreibe den Dreisatz ins Heft.

a) 25 % von 348 Schülern = ________ b) 90 % von 30 Lehrern = ________

c) 4 % von 75 Computern = ________ d) 42 % von 60 Mio. Wählern = ________

6 Berechne den Grundwert. Schreibe den Dreisatz ins Heft.

a) 35 Autos sind 10 %; G = ________ b) 16 Schüler sind 40 %; G = ________

c) 5,5 % sind 520 €; G = ________ d) 2,5 % sind 25 Fische; G = ________

7 Ein Limonadenhersteller wirbt auf seinen Flaschen mit dem Text *„20 % mehr Inhalt“*. In einer alten Flasche war 270 ml Limonade. Um wie viel Milliliter Limonade hat sich der Inhalt erhöht? Wie viel ist jetzt in einer Flasche?

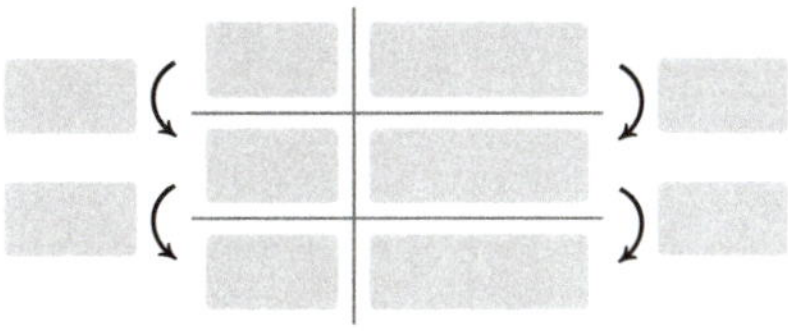

8 Frau Knauser verdient 2400 € im Monat und gibt davon monatlich 180 € für Nahrungsmittel aus. Wie viel Prozent ihres Einkommens sind das?

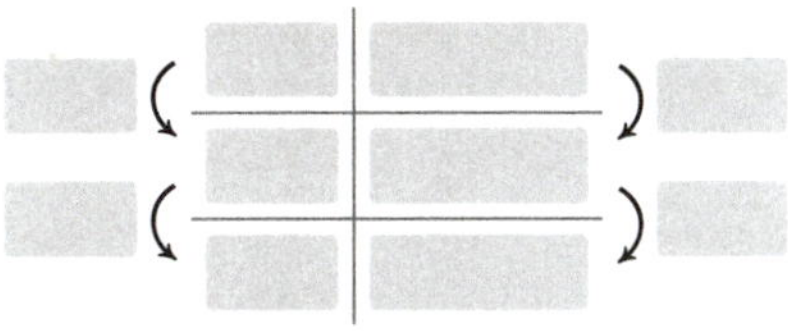

9 In einem Landkreis haben 34 Gymnasien den Ganztagesunterricht eingeführt. Das entspricht einer Quote von 40 %.
Wie viel Gymnasien gibt es insgesamt in diesem Landkreis?

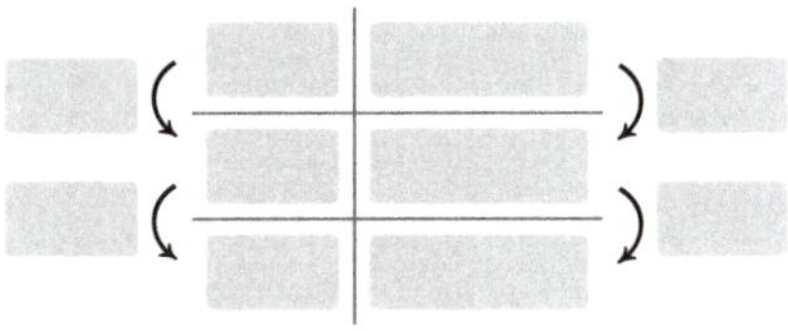

5.3 Grafische Darstellungen

Regeln & Formeln Man kann die prozentuale Aufteilung einer ganzen Größe anhand eines **Säulen- oder Balkendiagramms**, eines **Streifendiagramms** oder eines **Kreisdiagramms** veranschaulichen. In einem Säulen-, Balken- und Streifendiagramm wird ein Prozentsatz p % durch die Höhe bzw. Länge einer Säule bzw. Balkens/Streifens veranschaulicht. Trägt man die Säulen waagerecht ab, spricht man von einem Balkendiagramm. In einem Kreisdiagramm steht der Öffnungswinkel eines Kreisausschnitts für den entsprechenden Prozentsatz p %.

Beispiel 4: Die Tabelle zeigt, mit welchen Verkehrsmitteln die Schüler eines Gymnasiums zur Schule kommen. Stelle die Verteilung grafisch dar.

Bus	Auto	Mofa	Fahrrad	Zu Fuß
40 %	3 %	12 %	27 %	18 %

In einem **Säulendiagramm** ist die *Höhe* einer Säule proportional zum jeweiligen Prozentsatz. Besonders praktisch ist es, wenn man als Maßstab 1 % ≙ 1 mm wählt (in der Zeichnung rechts verkleinert dargestellt). Dann gibt die Prozentzahl p die Höhe der Säule in mm an.

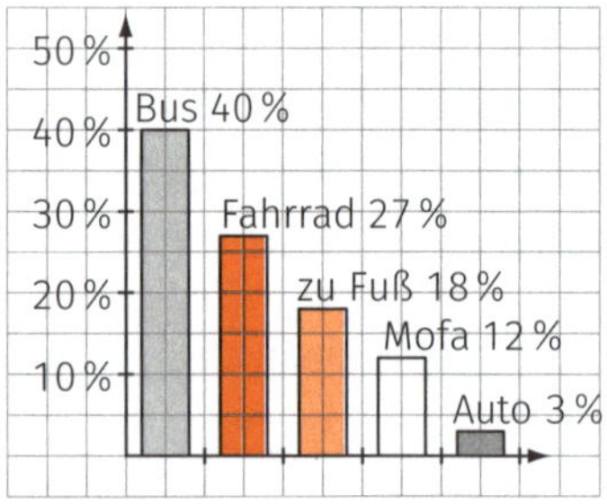

In einem **Streifendiagramm** entspricht der ganze Streifen 100 %. Die *Länge* eines einzelnen Abschnitts ist proportional zum jeweiligen Prozentsatz. Besonders praktisch ist es hier, wenn man den ganzen Streifen 100 mm (= 10 cm) lang zeichnet. Dann gibt jeder Prozentsatz die Länge des entsprechenden Streifens in mm an.

In einem **Kreisdiagramm** entspricht der ganze Kreis 100 % (360°). Die Öffnungswinkel der Kreisausschnitte erhält man, indem man jede Prozentzahl mit **3,6°** multipliziert:

Bus, 40 %: $40 \cdot 3{,}6° = 144°$; 40 % ≙ 144°

Fahrrad, 27 %: $27 \cdot 3{,}6° = 97{,}2°$; 27 % ≙ 97,2°

Zu Fuß, 18 %: $18 \cdot 3{,}6° = 64{,}8°$; 18 % ≙ 64,8°

Mofa, 12 %: $12 \cdot 3{,}6° = 43{,}2°$; 12 % ≙ 43,2°

Auto, 3 %: $3 \cdot 3{,}6° = 10{,}8°$; 3 % ≙ 10,8°

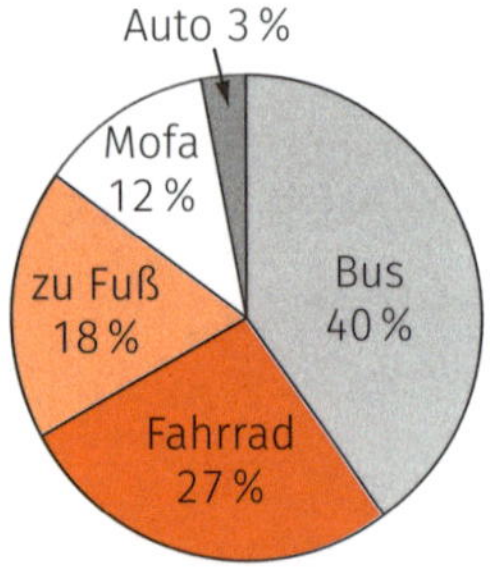

Tipp

Die Summe aller prozentualen Anteile ergibt immer 100 %.
Ein fehlender Prozentsatz p % kann somit aus allen anderen Anteilen berechnet werden. Wenn Anteile mit Brüchen angegeben sind, muss man die Brüche zuerst in Prozentsätze umrechnen (→ Seite 52).

10 Die monatlichen Ausgaben einer Familie verteilen sich folgendermaßen: Essen und Getränke: 23 %; Miete: 35 %; Auto und Verkehr: 17 %; Kleidung: 9 %; Sonstiges: 16 %.
Stelle die Anteile in einem Säulen- und in einem Kreisdiagramm dar.

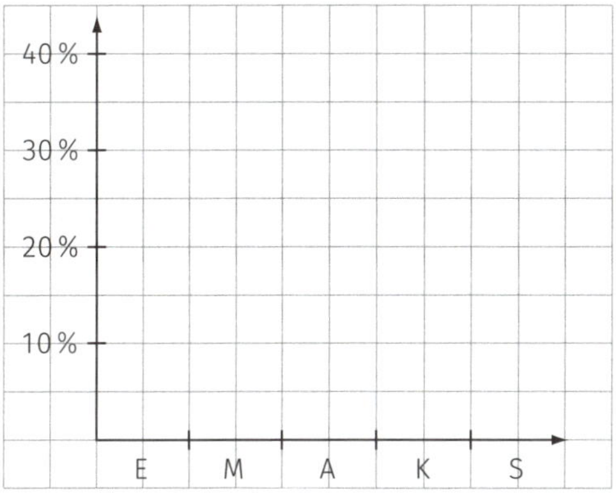

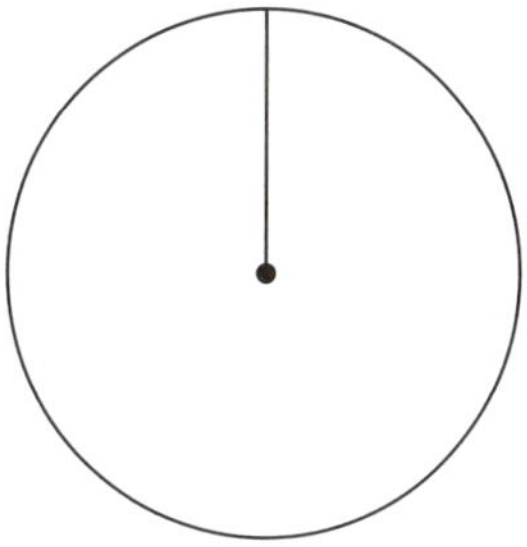

11 Im abgebildeten Kreisdiagramm fehlt ein Anteil.

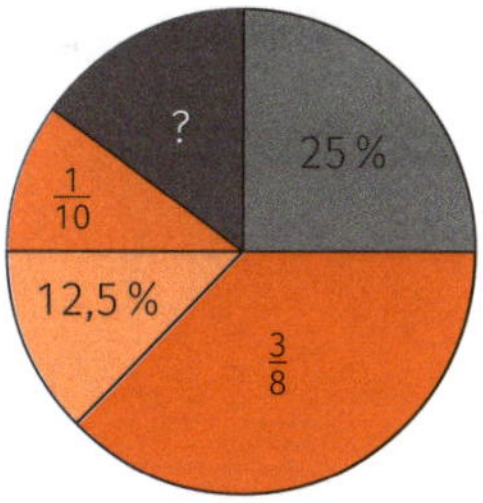

a) Kannst du den fehlenden Anteil berechnen?

___

___

b) Überprüfe deine Rechnung, indem du den Winkel nachmisst.

___

c) Veranschauliche die Verteilung in einem Streifendiagramm.

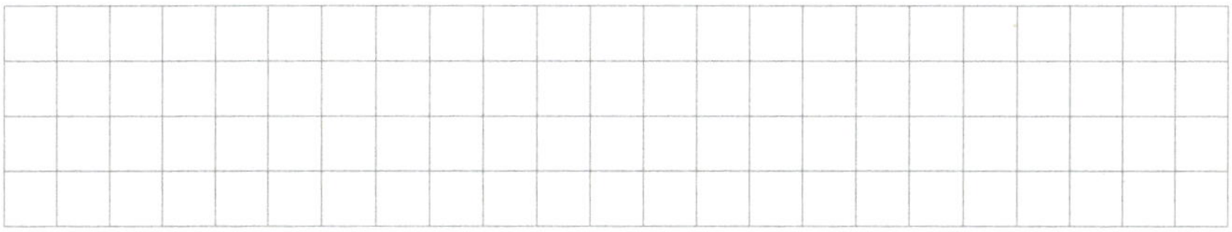

12 Das Säulendiagramm zeigt die Stimmenanteile bei einer Bürgermeisterwahl.

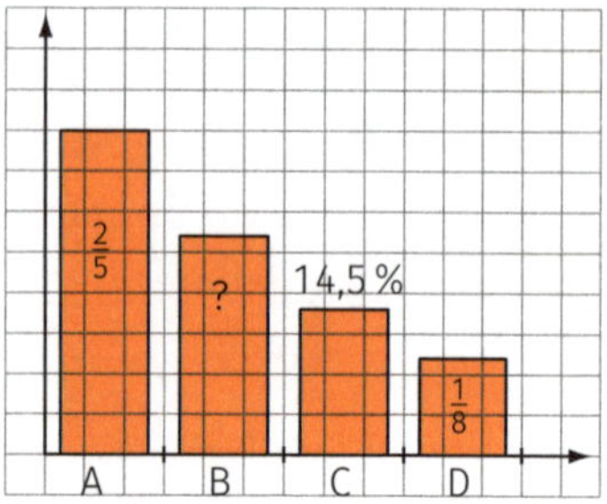

a) Wie viel Prozent der Stimmen hat Kandidat B bekommen?

____

____

____

b) Wie viele Stimmen wurden insgesamt abgegeben, wenn Kandidat B 1221 Stimmen erhielt? ______________________________

c) Veranschauliche die Verteilung in einem Kreisdiagramm.

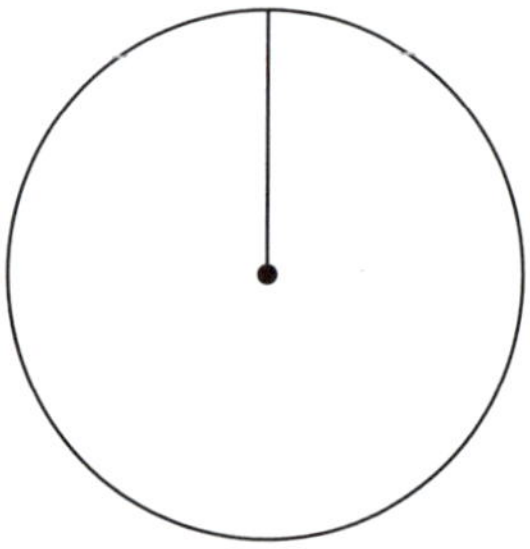

13 Die Tabelle zeigt das Ergebnis einer Schülerumfrage zu ihrem bevorzugten Hauptfach.

Mathematik	Deutsch	Englisch	Französisch
7,5 %	35 %	$\frac{3}{8}$	45 Schüler

a) Kannst du den Stimmenanteil in Prozent für Französisch berechnen?

____

____

b) Wie viele Schülerinnen und Schüler haben an der Umfrage teilgenommen?

____

c) Veranschauliche das Umfrageergebnis in einem Kreisdiagramm.

____

____

____

____

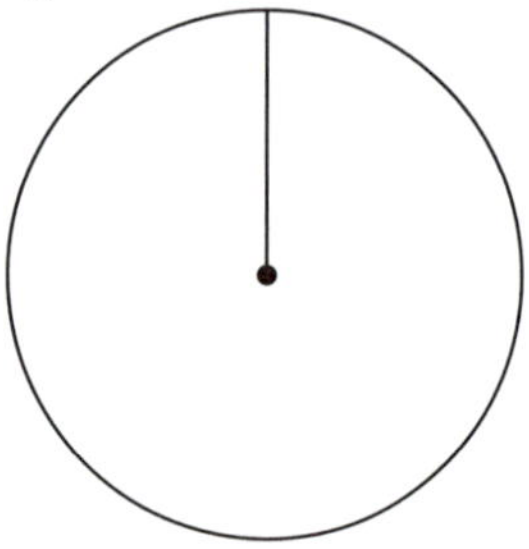

40 Erkläre anhand einer Pizza die Begriffe *Grundwert* und *Prozentwert*.

41 Wie rechnet man einen Prozentsatz in einen Bruch um und wie rechnet man einen Bruch in einen Prozentsatz um?

42 Wie kann man aus Prozentwert und Grundwert auch ohne eine Dreisatzrechnung den entsprechenden Prozentsatz berechnen?

43 Was ist der Vorteil, wenn man verschiedene Anteile mit Prozentsätzen anstatt mit Brüchen beschreibt?

44 Wie viel Prozent entsprechen immer dem Grundwert?

45 Auf welcher Seite des Dreisatzschemas muss man die gesuchte Größe schreiben?

46 Wofür steht die Höhe einer Säule in einem Säulendiagramm?

47 Wie sollte man den Maßstab beim Zeichnen eines Säulen- bzw. Streifendiagramms wählen?

48 Wie berechnet man aus einem Prozentsatz die Winkelöffnung eines Kreisausschnitts in einem Kreisdiagramm?

49 Wie kann man einen fehlenden prozentualen Anteil berechnen, wenn man alle anderen prozentualen Anteile kennt?

__/4 **1** Schreibe den Bruch als Prozentsatz.

a) $\frac{1}{4}$ = ______________ % b) $\frac{7}{40}$ = ______________ %

c) $\frac{13}{20}$ = ______________ % d) $\frac{1}{6}$ = ______________ %

__/2 **2** Eine Jeanshose kostet 45,50 €. Im Ausverkauf wird der Preis um 24 % herabgesetzt.
Um wie viel Euro wird die Hose billiger?
Wie viel kostet sie jetzt?

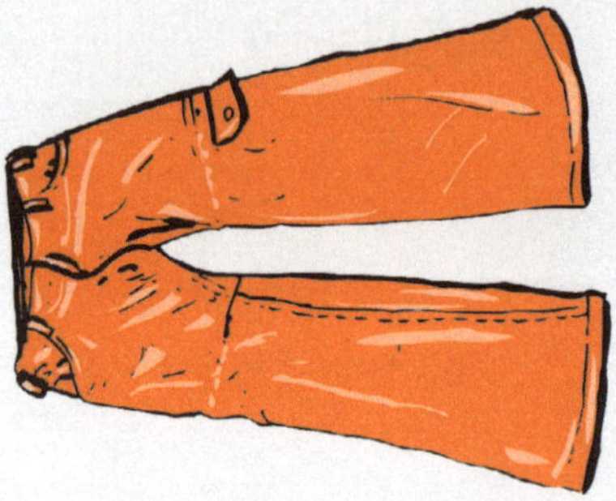

____

____

__/2 **3** Kevin trinkt auf einer Party 1,5 Liter Cola, obwohl er weiß, dass Cola 10 % Zucker enthält. Wie viel Gramm Zucker hat er zu sich genommen, wenn 1 Liter Cola 1000 Gramm wiegt?

____

__/1 **4** Familie Esser gibt monatlich 450 € für Nahrung aus.
Wie viel Prozent des Familienhaushalts sind das, wenn Familie Esser jeden Monat über 6250 € verfügt?

____

__/3 **5** Bei der Klassensprecherwahl erhielten die vier Kandidaten folgende Stimmenanteile:
Kandidat A: 17 %; Kandidat B: 38 %; Kandidat C: 15 %; Kandidat D: 30 %.
Stelle die Stimmenanteile in einem Säulen- und in einem Kreisdiagramm dar.

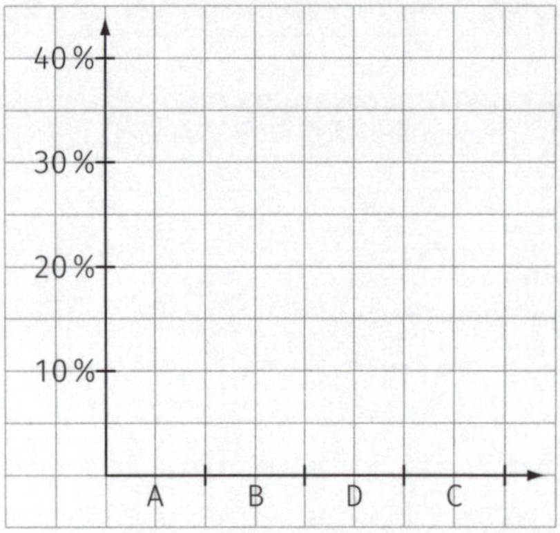

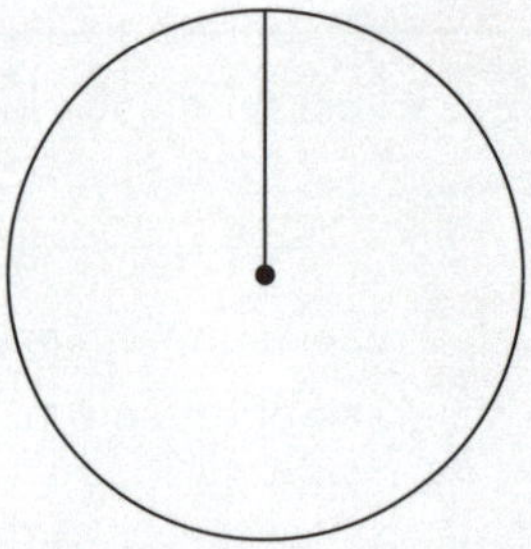

6 Die Tabelle zeigt, wie viel Verpackungsmüll jeder Bundesbürger durchschnittlich im Jahr erzeugt. __/4

Papier	Glas	Holz	Kunststoffe	Metall	Verbund
67,5 kg	53,7 kg	26,0 kg	20,7 kg	15,6 kg	7 kg

a) Berechne im Heft jeweils den prozentualen Anteil am gesamten Müllaufkommen.

b) Veranschauliche die Anteile in einem Kreisdiagramm.

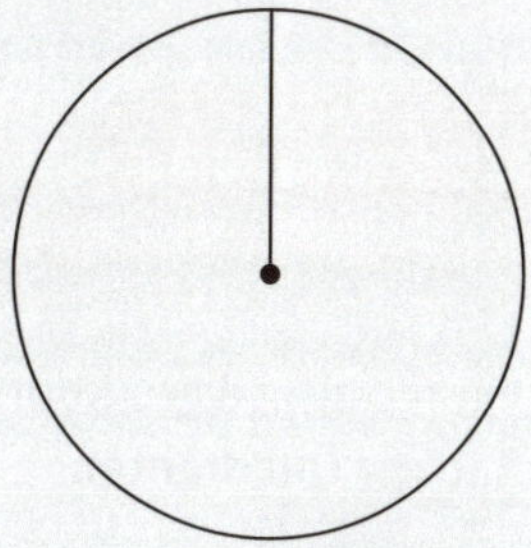

7 Das Schaubild zeigt die Anteile der einzelnen Energieträger Deutschlands für die Stromversorgung. __/4

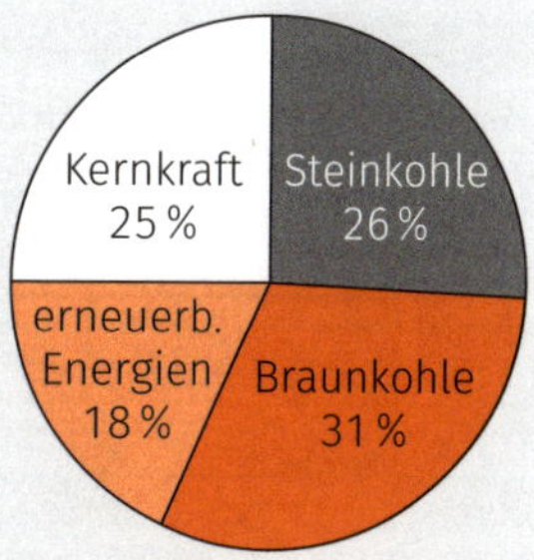

Braunkohle hat mit 139,5 Mrd. kWh den größten Anteil.

a) Wie viel Milliarden Kilowattstunden (kWh) wurden mit den anderen Energieträgern erzeugt?

b) Wie viel Gramm Kohlendioxid (CO_2) wurden durch den Stromverbrauch erzeugt, wenn pro Kilowattstunde 614 g CO_2 freigesetzt werden?
Hinweis: Kernkraft und die erneuerbaren Energieträger Sonne, Wind und Wasser verursachen keinen CO_2-Ausstoß. Der erneuerbare Energieträger Holz bindet beim Nachwachsen wieder CO_2, weswegen sein CO_2-Ausstoß vernachlässigt werden kann.

Gesamtpunktzahl ___/20

6 Grundbegriffe der Geometrie

Für Berufsgruppen wie Architekten, Maschinenbauer, Ingenieure und viele andere sind geometrische Kenntnisse ein absolutes Muss. Und weißt du schon, was ein „Geometer“ macht? Auf Seite 67 wirst du es erfahren.

6.1 Das Koordinatensystem

Regeln & Formeln

Punkte in der Ebene werden mithilfe von **Koordinatensystemen (Achsenkreuzen)** dargestellt.

Ein rechtwinkliges **Koordinatensystem** hat vier **Quadranten**.

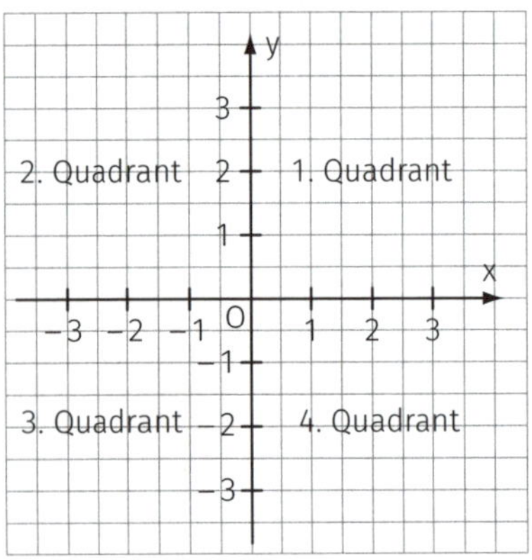

In vielen Fällen genügt es, nur den ersten Quadranten zu zeichnen.

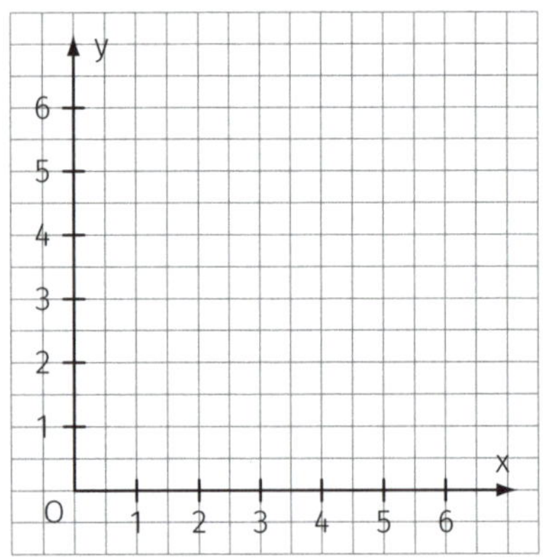

6.2 Ein Punkt in der Ebene

Regeln & Formeln

- Ein Punkt in der Ebene wird durch ein **geordnetes Zahlenpaar (x|y)** (Zahlenduppel) beschrieben. Man spricht von „geordnet“, weil die **Reihenfolge** der Zahlen wichtig ist, vergleiche z. B. die Punkte (3|5) und (5|3).
- Die erste Zahl gibt die **Abszisse** (Rechtswert, x-Wert) an, die zweite Zahl die **Ordinate** (Hochwert, y-Wert) an.
- Schreibweise: **A(x|y)**; A ist der Punkt mit der Abszisse x und der Ordinate y.

Beispiel 1:

P(2|3) hat die Abszisse 2 und die Ordinate 3.
Q(−3|2) liegt im 2. Quadranten, die Abszisse ist negativ (−3), die Ordinate positiv (2).
R(−2|−1) liegt im 3. Quadranten, die Abszisse (−2) und die Ordinate (−1) sind negativ.
S(1|−2) liegt im 4. Quadranten. Die Abszisse ist positiv (1), die Ordinate negativ (−2). **T(0|2)** liegt auf der y-Achse; **U(−1|0)** auf der x-Achse.

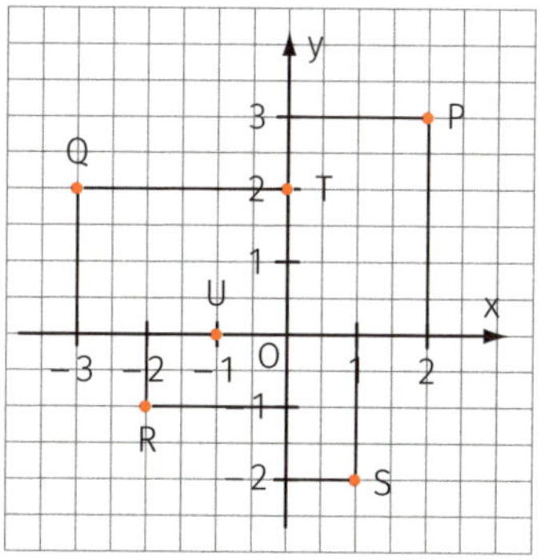

Übersicht über die Quadranten:

x-Wert (Abszisse)	positiv	negativ	negativ	positiv
y-Wert (Ordinate)	positiv	positiv	negativ	negativ
Punkt im Quadranten	1	2	3	4

1 Gib an, in welchem Quadranten die Punkte liegen.

Punkte der Ebene	**(3|4)**	**(−4|5)**	**(5|−4)**	**(−20|−20)**	**(12|0)**	**(0|0)**	**(0|−13)**
Quadrant							

2 a) Gib die Koordinaten der Punkte A, B, C, D, E, F an.

A(_____|_____);

B(_____|_____);

C(_____|_____);

D(_____|_____);

E(_____|_____);

F(_____|_____)

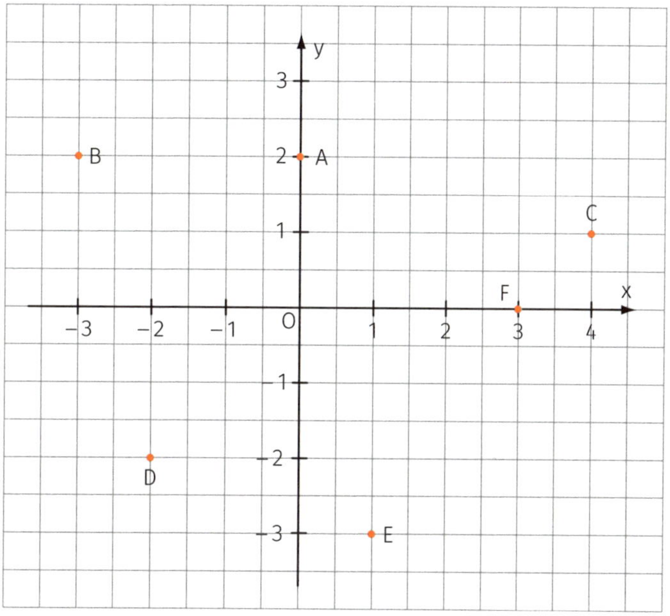

b) Zeichne die Punkte G(2|3); H(−2|−1); I(0|−2); K(1|−2); L(3|−1); M(−1|2); N(3|0) in das Koordinatensystem ein.

6.3 Strecke, Halbgerade (Strahl) und Gerade

Regeln & Formeln

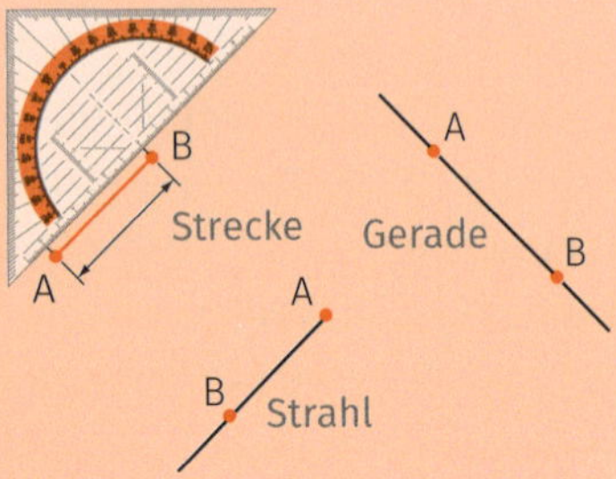

- Die kürzeste Verbindung zwischen den beiden Punkten A und B heißt „**Strecke** AB" ([AB] oder AB).
  Die **Länge dieser Strecke** wird mit $\overline{AB}$ bezeichnet, sie gibt an, wie oft die Maßeinheit in der Strecke enthalten ist.
- Verlängert man eine Strecke von einem Endpunkt unbegrenzt über den anderen Endpunkt hinaus, erhält man einen **Strahl** (Halbgerade).
- Verlängert man eine Strecke über *beide* Endpunkt unbegrenzt, erhält man eine **Gerade** g(A, B). Um die unbegrenzte Verlängerung deutlich zu machen zeichnet man Strahl und Gerade über einem Punkt hinaus (siehe Grafik).

3 Wie lang sind die Strecken aus Aufgabe 2?

Strecke	**[AB]**	**[AC]**	**[AD]**	**[CD]**	**[BC]**	**[BA]**	**[ED]**
Streckenlänge (in cm)							

4 a) Zeichne eine Gerade durch die Punkte A und B.

b) Zeichne einen Strahl von A aus durch C.

c) Gib den Anfangspunkt und zwei weitere Punkte auf dem Strahl s (Halbgerade s) an.

Anfangspunkt (_____|_____);

Punkt 1 (_____|_____)

Punkt 2 (_____|_____)

d) Welche Ordinate hat der Punkt G mit der Abszisse 2 auf der Geraden durch C und D? Zeichne diesen Punkt ein.

Ordinate: ___________

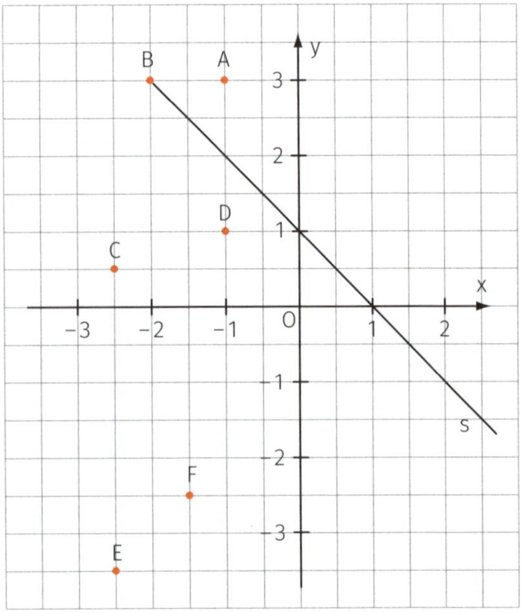

e) Zeichne eine Gerade durch A ein, die parallel zur x-Achse verläuft.

f) Wo schneidet die Gerade g(EF) die Halbgerade s? Schnittpunkt (____|____)

g) Wie lang sind die Strecken? $\overline{DA}$ = __________; $\overline{CE}$ = __________; $\overline{OF}$ = __________

h) Gib die Koordinaten an: A(____|____); F(____|____)

Schon gewusst?

Die „alten Griechen" verwendeten bei ihren Tempelbauten für die Außenmaße (Länge, Breite, Höhe) den sogenannten „**Goldenen Schnitt**".
Eine Strecke ist im goldenen Schnitt geteilt, wenn das Ganze sich zum größeren Teil genauso verhält wie der größere Teil zum kleineren. Für die Wahrnehmung ist diese Art der Teilung offensichtlich sehr angenehm.

6.4 Winkel

Regeln & Formeln

Zwei Strahlen g und h gehen von demselben Punkt S aus. Dreht man g mathematisch positiv (entgegen dem Uhrzeigersinn) auf h, heißt der überstrichene Bereich **Winkel (g, h)**. Die Größe des Winkels (genauer: Winkelweite) wird in Grad (Zeichen °) gemessen.
Dabei entsprechen 360° dem ganze Kreis, 180° dem Halbkreis, 90° dem Viertelkreis (rechter Winkel) und 1° dem 360. Teil eines Vollkreises.

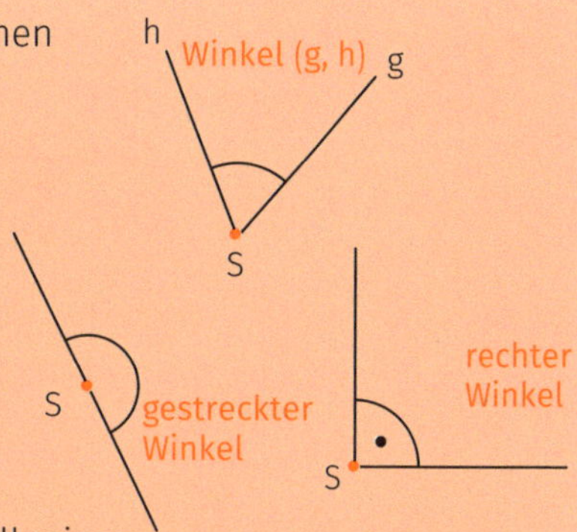

Winkelweiten (Winkelgrößen) werden mit griechischen Buchstaben bezeichnet.

α	β	γ	δ	ε	λ	μ	σ	φ
Alpha	Beta	Gamma	Delta	Epsilon	Lambda	My	Sigma	Phi

Je nach der Winkelweite unterscheidet man verschiedene **Winkelarten**:

Nullwinkel, Vollwinkel	**spitzer Winkel**	**rechter Winkel**	**stumpfer Winkel**	**gestreckter Winkel**	**überstumpfer Winkel**
α = 0°, α = 360°	0° < α < 90°	α = 90°	90° < α < 180°	α = 180°	180° < α < 360°
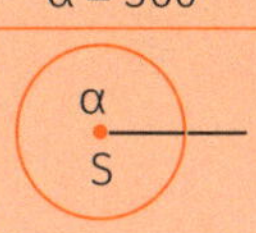	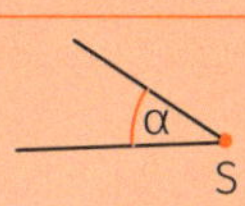	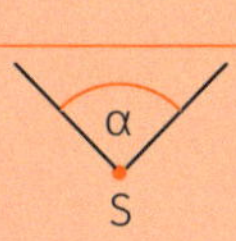	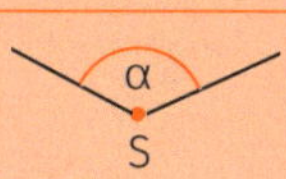	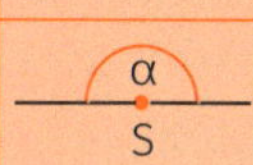	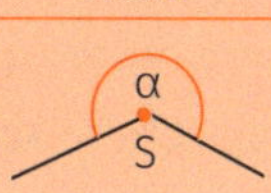

5 Gib an, um welche Winkelart es sich handelt.

a) ____________

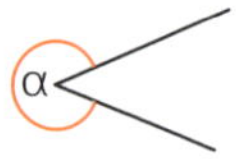

b) ____________

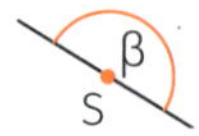

c) ____________

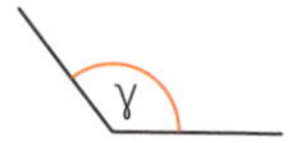

d) ____________

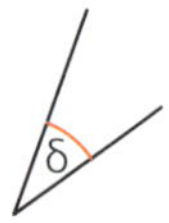

e) ____________

f) ____________

6 Zeichne einen Winkel der angegebenen Winkelart ein.

rechter Winkel	spitzer Winkel	stumpfer Winkel	Vollwinkel	überstumpfer Winkel	gestreckter Winkel

Regeln & Formeln

Winkel misst man mit dem **Geodreieck**. Man legt den Nullpunkt des Geodreiecks am Schnittpunkt S der Halbgeraden g und h so an, dass die Kante mit der Skala auf g liegt. Auf der Winkelskala kann man die Winkelweite ablesen.

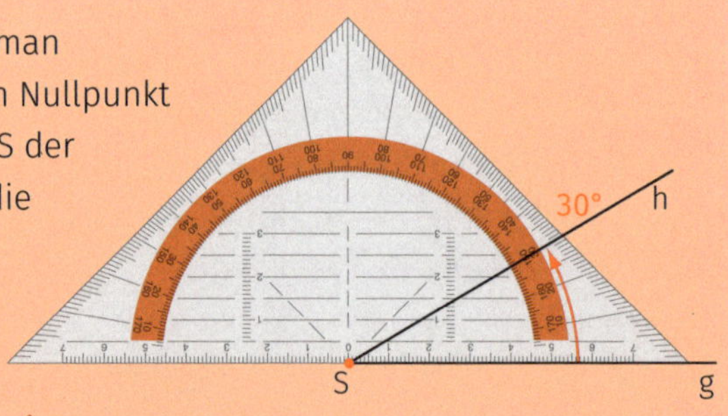

Winkel werden im **Gegenuhrzeigersinn** gemessen.

Sind aufgrund der kurzen Schenkel eines Winkels Messungen mit dem Geodreieck schlecht möglich, wird der Schenkel verlängert.

Ist ein Winkel **größer als 180°**, so misst man den zum Vollkreis fehlenden Winkel (Ergänzungswinkel) und zieht dessen Größe von 360° ab (in der Grafik **grau**). Alternativ misst man den Winkel ab 180° und addiert dann den gemessenen Winkel zu den 180° (in der Grafik **schwarz**).

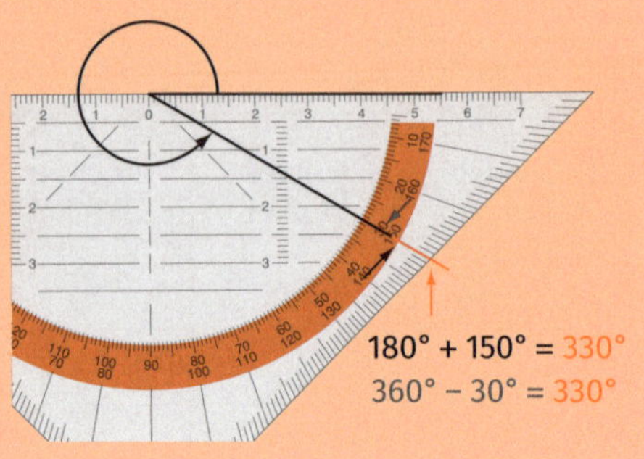

7 Gib die Winkelweiten an.

w(g, h) = ________; w(s, g) = ________; w(h, s) = ________;

w(s, l) = ________; w(g, s) = ________; w(g, l) = ________

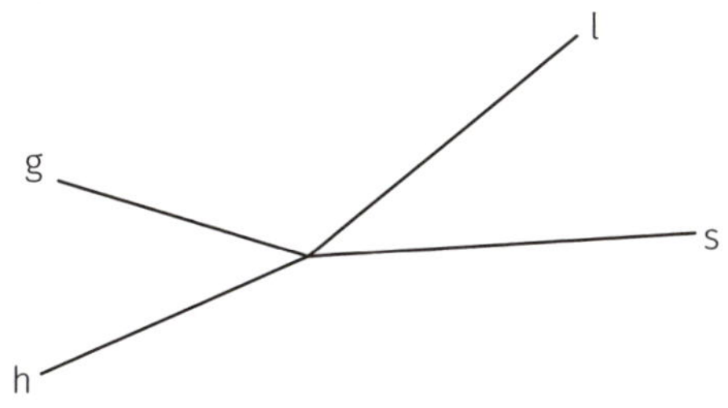

8 Zeichne von S_1 die Halbgeraden m, t und q in roter Farbe und von S_2 die Halbgeraden s, h und l in grüner Farbe so ein, dass gilt:
w(g, h) = 18°; w(n, t) = 45°; w(g, l) = 180°; w(n, q) = 200°; w(g, s) = 350°; w(n, m) = 30°.

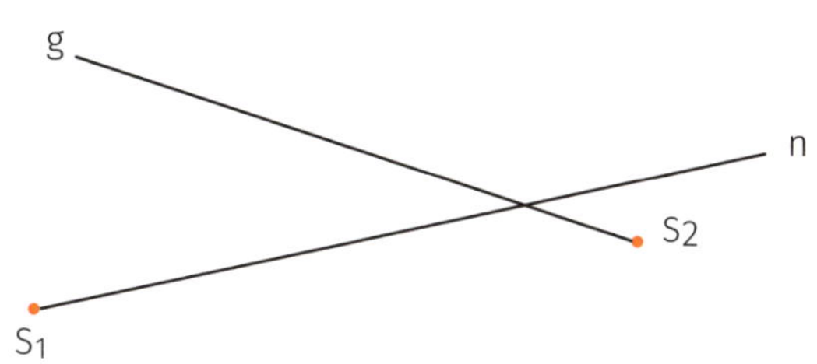

Schon gewusst? Bei der **Landvermessung** ist die Winkelmessung von großer Bedeutung. Man sieht die Geometer (Vermessungsingenieure) durch ihre Geräte peilen. Sie messen dabei die Winkel aber nicht in der 360°-Einteilung: Bei den Geometern sind „Neugrade“ eingeführt worden. Dabei wird der Kreis in 400 (nicht in 360) gleiche Teile eingeteilt. Der große Vorteil dabei ist, dass der rechte Winkel dann 100 Neugrad hat und wir auch im Bereich der Winkelmessung im Zehnersystem arbeiten können.

6.5 Der Lage zweier Geraden zueinander

Regeln & Formeln

Schneiden sich zwei Geraden, so entstehen vier Winkel. Die gegenüberliegenden Winkel sind immer gleich groß. Sind alle vier Winkel gleich groß, so haben sie $360° : 4 = 90°$.

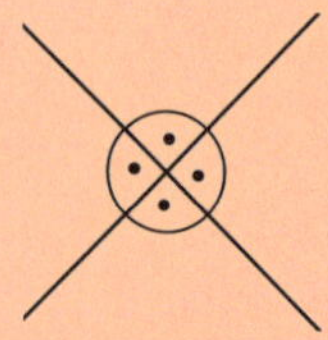

Ein Winkel von 90° heißt **rechter Winkel** (⊾).
Bilden zwei Geraden einen rechten Winkel, sagt man „sie stehen senkrecht aufeinander" (⊥) oder „sie sind **orthogonal** zueinander". Eine Gerade, die senkrecht auf einer anderen Geraden oder Ebene steht, heißt **Lot** auf die Gerade oder auf die Ebene.

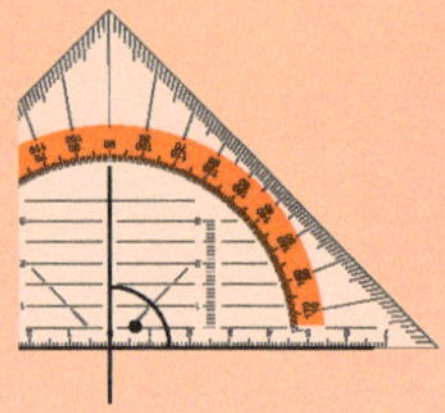

9 Zeichne jeweils durch L eine orthogonale Gerade zur gegebenen Geraden.

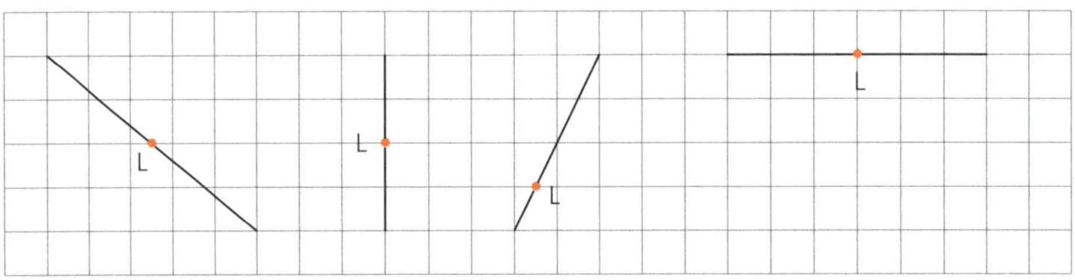

Regeln & Formeln

In der Ebene schneiden sich zwei Geraden in genau einem Punkt oder sie sind parallel. Bei der **Parallelität** haben sie entweder alle Punkte gemeinsam (sie sind identisch) oder gar keinen gemeinsamen Punkt.

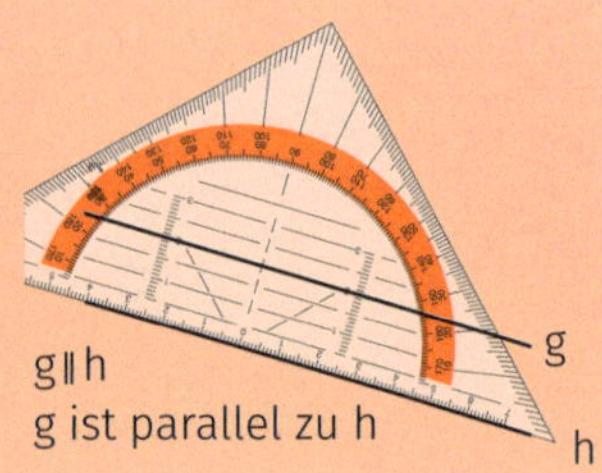

10 Zeichne jeweils durch den Punkt A eine zu g parallele und eine zu g orthogonale Gerade.

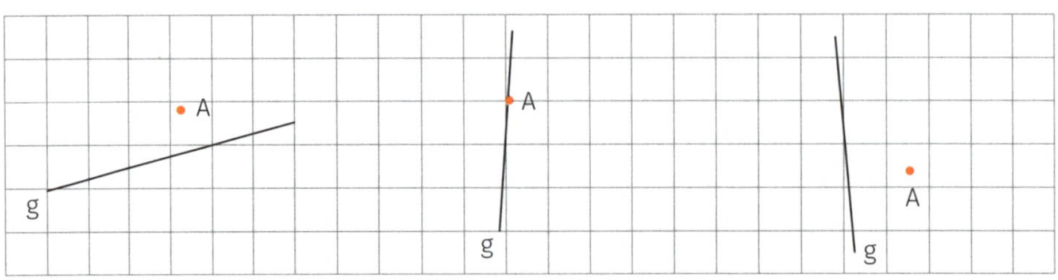

6.6 Abstandsmessungen

Regeln & Formeln

Der Abstand ist immer die **kürzeste Entfernung**.

- Der **Abstand zwischen zwei Punkten** entspricht der Länge der Strecke zwischen den beiden Punkten.
  Schreibweise: d (A, B) oder $\overline{AB}$.

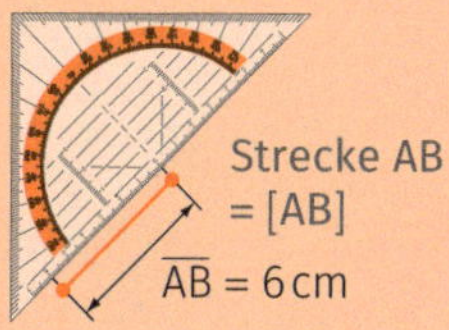

- Der **Abstand eines Punktes zu einer Geraden** ist die Länge des Lotes vom Punkt auf die Gerade.
  Schreibweise: d (A, g)
- Der **Abstand zweier paralleler Geraden** ist der Abstand eines beliebigen Punktes einer Geraden zur zweiten Geraden, der über das Lot bestimmt wird.
  Schreibweise: d (g, h)

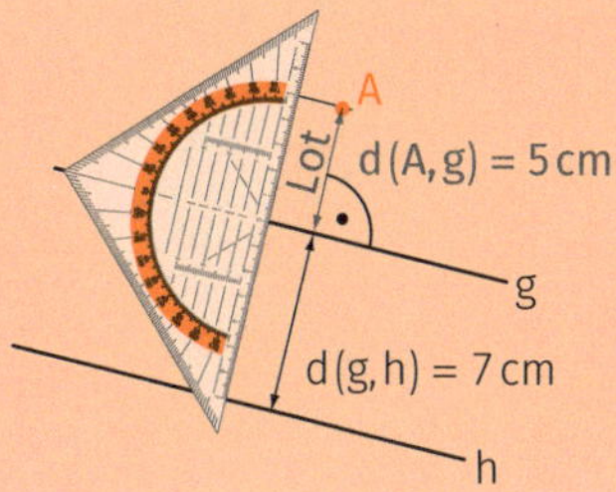

11 Miss die Längen.

a) d (A, B) = ________ b) d (B, C) = ________ c) d (C, D) = ________

d) $\overline{BA}$ = ________ e) $\overline{CB}$ = ________ f) $\overline{AD}$ = ________

g) d (A, g) = ________ h) d (B, g) = ________ i) d (C, g) = ________

j) d (B, h) = ________ k) d (C, h) = ________ l) d (A, h) = ________

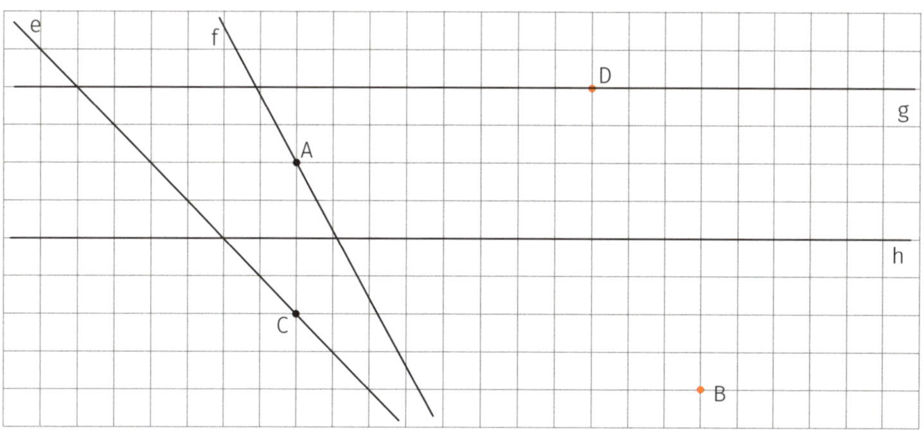

50 Was unterscheidet die Punkte des dritten Quadranten von den Punkten der anderen Quadranten? ______

51 Multipliziert man Abszisse und Ordinate eines Punktes, so sagt dieses Produkt etwas darüber aus, in welchem Quadranten der Punkt liegen kann.

a) Wo liegt der Punkt, wenn das Produkt positiv ist? ______

b) Wo liegt der Punkt, wenn dieses Produkt negativ ist? ______

c) Wo liegt der Punkt, wenn dieses Produkt null ist? ______

52 Was ist der Unterschied zwischen einem Strahl und einer Geraden?

______

53 Was versteht man unter [AB] bzw. $\overline{AB}$? ______

54 Was versteht man unter einem überstumpfen Winkel? Gib drei Beispiele an.

______

55 Wann sind zwei Geraden orthogonal zueinander?

______

56 Wie liegen zwei Geraden zueinander, wenn sie keinen gemeinsamen Punkt haben? ______

57 Wie misst man mit dem Geodreieck den Abstand eines Punktes zu einer Geraden? ______

______

58 Wo liegen alle Punkte, die vom Punkt A und vom Punkt B jeweils gleich weit entfernt sind? ______

59 Wie prüft man zeichnerisch die Orthogonalität zweier Geraden und wie prüft man zeichnerisch, ob zwei Geraden parallel zueinander sind?

______

______

1 Bestimme mit dem Geodreieck die Winkelweiten. __/6

α = ______, β = ______, γ = ______, δ = ______, ε = ______, λ = ______

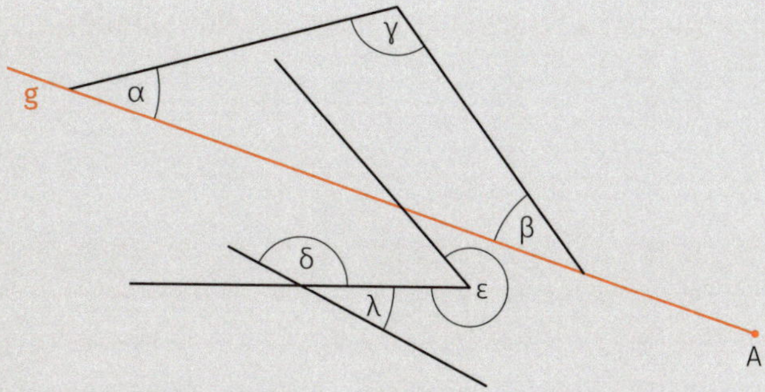

2 Zeichne in die Grafik aus Aufgabe 1, ausgehend vom Punkt A den zweiten Strahl des Winkels so ein, dass für die Winkelweite gilt: __/6

a) w(g, a) = 10° b) w(g, b) = 30° c) w(g, c) = 180°
d) w(g, d) = 200° e) w(g, e) = 280° f) w(g, f) = 350°

3 Miss die Abstände. __/8

d(A, g) = ________, d(B, g) = ________

d(C, g) = ________, d(D, g) = ________

d(A, h) = ________, d(B, h) = ________

d(C, h) = ________, d(D, h) = ________

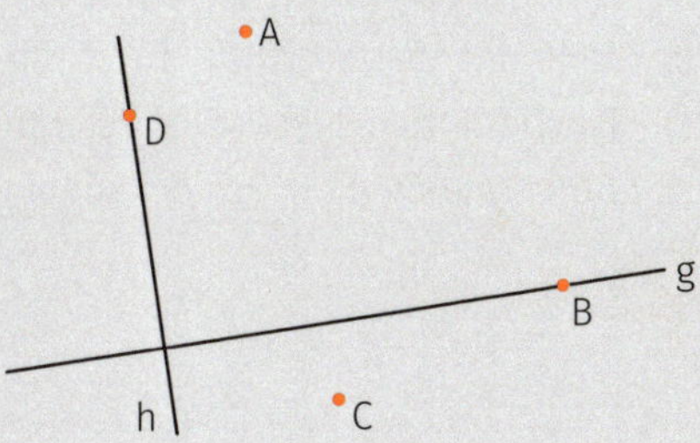

4 Zeichne die Punkte ein und gib sie in Koordinatenschreibweise an. __/6

a) Der Punkt Q hat die Ordinate 3 und ist 3 cm von A entfernt.

____

b) Der Punkt P hat einen x-Wert von –1 und ist 2 cm von A entfernt.

____

c) R(0|____) ist 2 cm vom Ursprung entfernt.

____

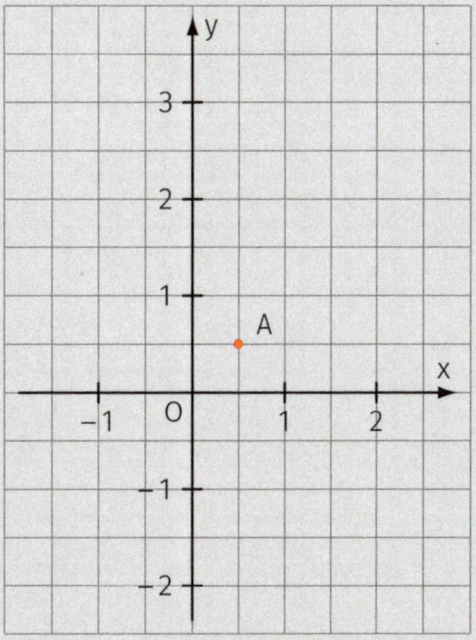

Gesamt-punktzahl ___/26

7 Ebene Figuren und Körper

Zahlreiche Gegenstände des täglichen Lebens haben die Form bekannter ebener Figuren (Dreieck, Viereck) und räumlicher Körper (Würfel, Quader).

7.1 Das Viereck

Regeln & Formeln

Verbindet man vier Punkte ABCD zu einem geschlossenen Streckenzug durch Strecken, die sich nicht kreuzen, erhält man als Figur ein Viereck. Die Punkte werden im **Gegenuhrzeigersinn** bezeichnet.

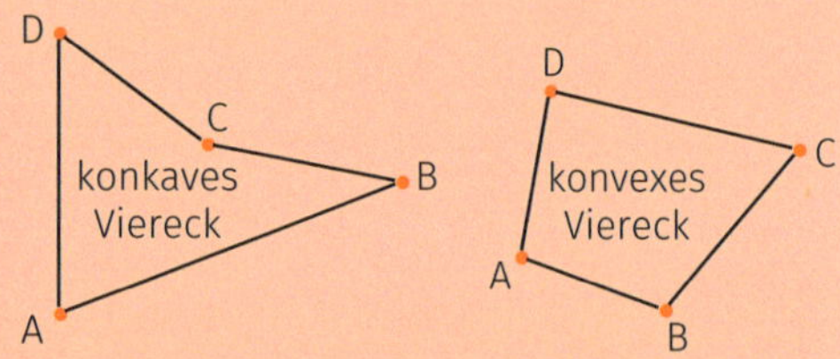

1 a) Zeichne die Vierecke ABCD, ACBD, EFGH und ODGA in verschiedenen Farben in das Koordinatensystem ein.

b) Teile das Viereck ABCD durch die Strecke AC in zwei Dreiecke, bestimme den Flächeninhalt dieser Dreiecke und daraus den Flächeninhalt des Vierecks. Zur Berechnung einer Dreiecksfläche siehe Kapitel 8.2.

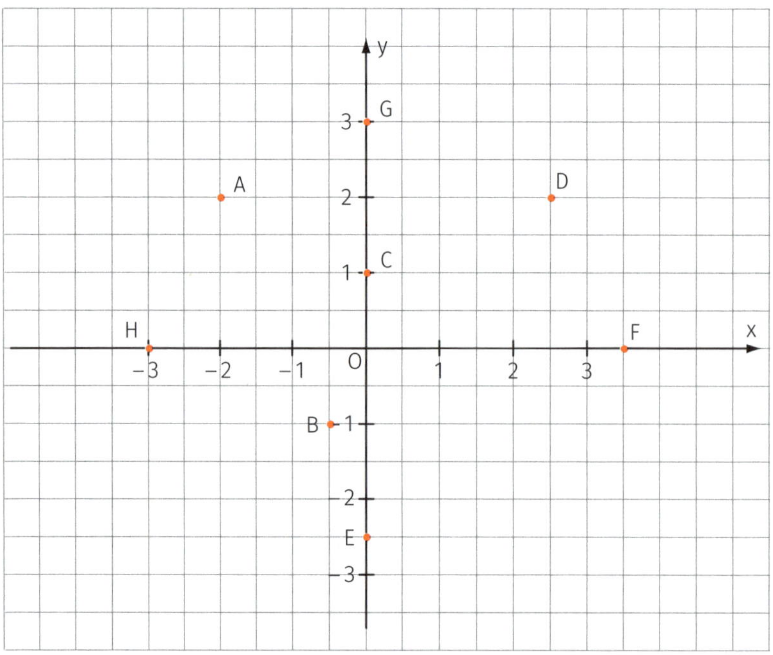

7.2 Die Summe der Innenwinkel

Regeln & Formeln

Innenwinkelsumme in Dreieck und Viereck

Die Summe der Innenwinkel beträgt
- im Dreieck 180°,
- im Viereck 360°.

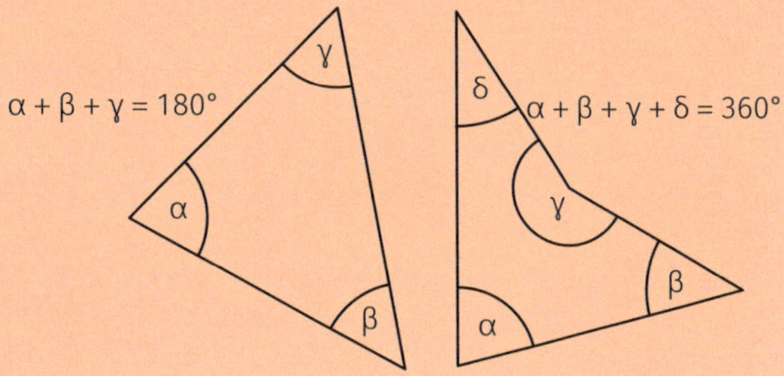

2 Zeichne die Figuren ABC und DEFG. Miss ihre Innenwinkel und addiere sie. Berechne Umfang und Flächeninhalt.

A(−4|−2); B(4|−1); C(2|3); D(0|−2); E(5|1); F(0|1); G(−5|0)

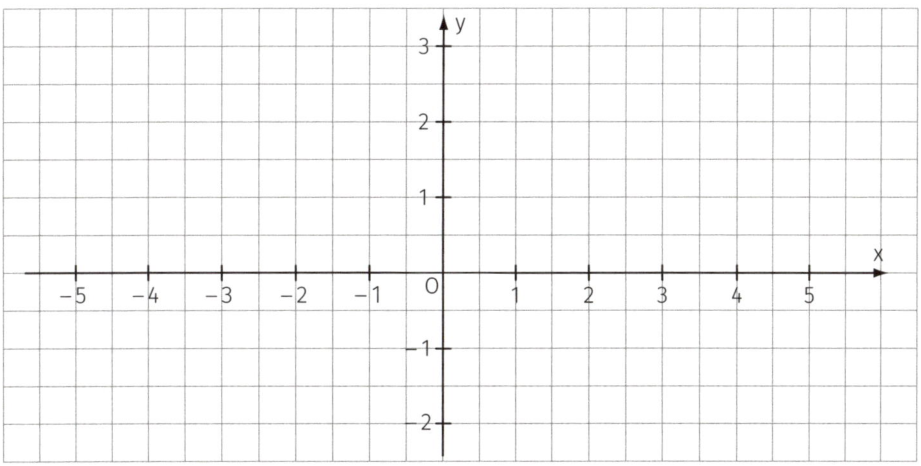

Winkel bei	Dreieck ABC	Viereck DEFG
A bzw. D		
B bzw. E		
C bzw. F		
G	–	
Innenwinkelsumme		
Umfang		
Flächeninhalt		

7.3 Spezielle Vierecke

Regeln & Formeln

Besonderheiten bei speziellen Vierecken

Name	Quadrat	Rechteck	Parallelogramm
Skizze	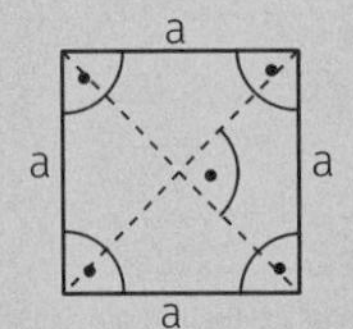	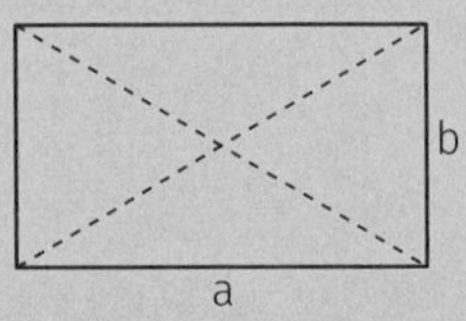	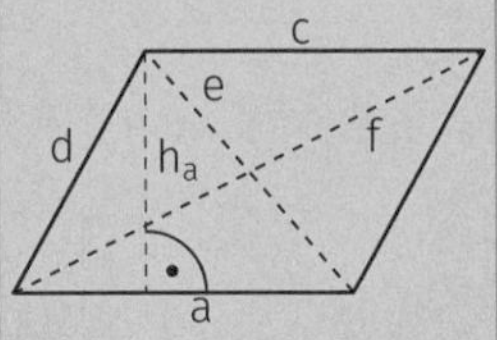
Seitenlänge	alle Seiten gleich lang	gegenüberliegende Seiten gleich lang	gegenüberliegende Seiten gleich lang
Umfang	$u = 4 \cdot a$	$u = 2 \cdot a + 2 \cdot b$	$u = a + b + c + d$ $= 2a + 2b$
Flächeninhalt	$A = a \cdot a = a^2$	$A = a \cdot b$	$A = a \cdot h_a$
Winkel	4 rechte Innenwinkel	4 rechte Innenwinkel	gegenüberliegende Winkel gleich groß, Nebenwinkelsumme = 180°
Diagonalen	Diagonalen halbieren sich, sind gleich lang, stehen senkrecht aufeinander	Diagonalen halbieren sich und sind gleich lang	Diagonalen halbieren sich

Name	Raute (Rhombus)	Drachen	Trapez
Skizze	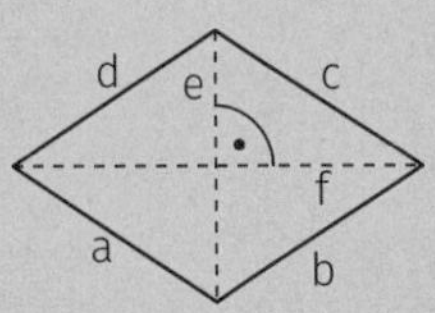	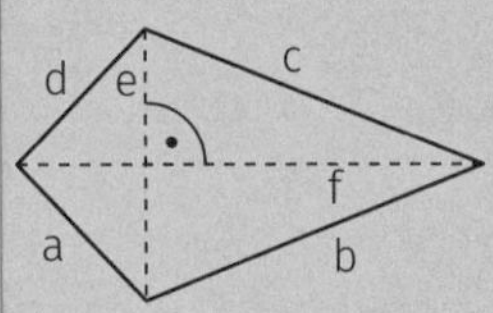	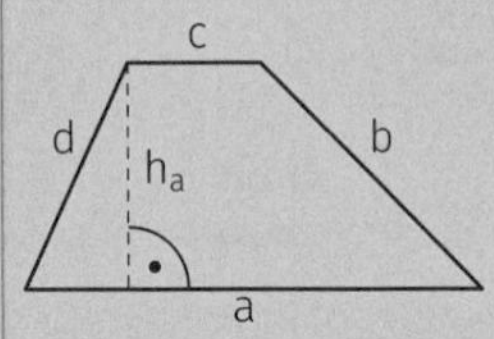
Seitenlänge	alle Seiten gleich lang	jeweils 2 benachbarte Seiten gleich lang	–
Umfang	$u = 4 \cdot a = 4 \cdot b = 4 \cdot c$ $= 4 \cdot c$	$u = 2 \cdot a + 2 \cdot b$	$u = a + b + c + d$
Flächeninhalt	$A = \frac{1}{2} \cdot e \cdot f$	$A = \frac{1}{2} \cdot e \cdot f$	$A = \frac{a + c}{2} \cdot h$
Winkel	Nebenwinkelsumme = 180°	1 Paar gegenüberliegende Winkel gleich groß	–
Diagonalen	Diagonalen halbieren sich und stehen senkrecht aufeinander	Diagonalen stehen senkrecht aufeinander	–

Die Innenwinkelsumme in allen Vierecken beträgt 360°.

3 Ist die Aussage wahr [w], oder falsch [f]?

a) ☐ Jedes Quadrat ist auch ein Rechteck.

b) ☐ Jedes Rechteck ist auch ein Parallelogramm.

c) ☐ Beim Trapez sind die gegenüberliegenden Winkel gleich groß.

d) ☐ Bei allen Vierecken liegen die Strecken zwischen nicht benachbarten Eckpunkten innerhalb der Figur.

e) ☐ Bei Quadrat, Rechteck, Parallelogramm und Raute halbieren sich die Diagonalen.

7.4 Der Kreis

Regeln & Formeln

- Ein Kreis besteht aus allen Punkten der Ebene, die von einem festen Punkt (**Mittelpunkt M**) den festen Abstand r (**Radius r**) haben.
- Die Strecke von einem Kreispunkt über den Mittelpunkt zum gegenüberliegenden Kreispunkt heißt **Durchmesser d**.
- Der Durchmesser ist doppelt so lang wie der Radius, $d = 2r$.
- Kreise werden mit dem **Zirkel** gezeichnet.

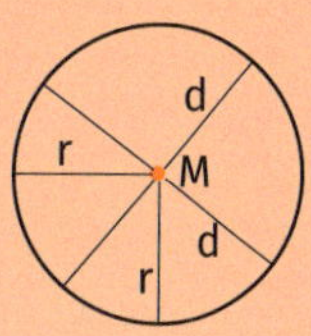

4 Gib Mittelpunkt M, Radius r und Durchmesser d der Kreise an.

a) Kreis K_1: M = (___|___);
r = _____ cm; d = _____ cm

b) Kreis K_2: M = (___|___);
r = _____ cm; d = _____ cm

c) Kreis K_3: M = (___|___);
r = _____ cm; d = _____ cm

d) Kreis K_4: M = (___|___);
r = _____ cm; d = _____ cm

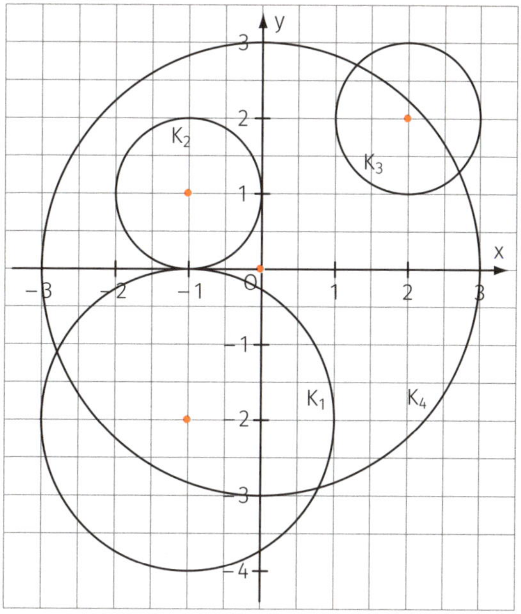

7.5 Würfel und Quader

Regeln & Formeln

Schrägbild von Würfel und Quader

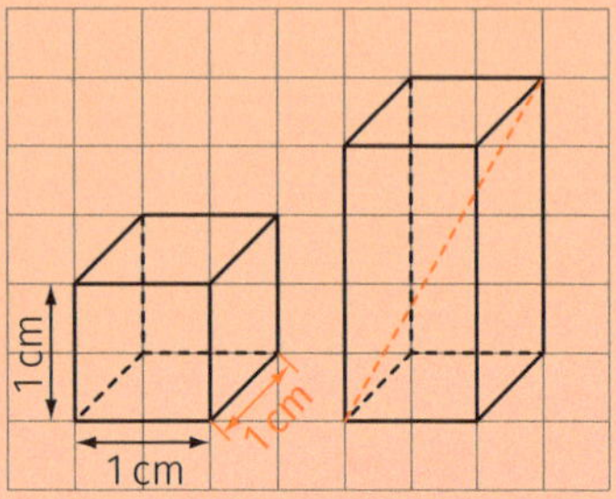

- Ein Körper, dessen Oberfläche aus lauter gleichen Quadraten besteht, heißt **Würfel**.
- Ein Körper, bei dem drei gegenüberliegende Rechtecke deckungsgleich sind, heißt **Quader**.
- Die Körper haben **drei Dimensionen** (Richtungen). Da unsere Zeichenebene nur zwei Dimensionen hat, zeichnen wir die dritte Richtung verkürzt nach hinten, dabei entspricht (wenn nicht anders angegeben) ein Zentimeter einer Kästchendiagonalen (siehe Skizze). Diese Darstellungsweise heißt **Schrägbild des Körpers**. Beim Schrägbild werden nicht sichtbare Kanten gestrichelt gezeichnet.
- Verbindet man zwei Eckpunkte, die nicht in einer Ebene liegen, erhält man eine **Raumdiagonale** (in der Skizze oben ist das die farbige Linie im rechten Quader).

5 Zeichne ins Heft das Schrägbild

a) eines Würfels mit der Kantenlänge 2 cm.

b) eines Quaders mit der Länge $l = 3$ cm, der Breite $b = 2$ cm und der Höhe $h = 1$ cm.

6 Trage die Längen der durch die Pfeile gekennzeichneten Strecken ein. Um welche Körper handelt es sich? Zeichne die Raumdiagonalen in einer anderen Farbe ein.

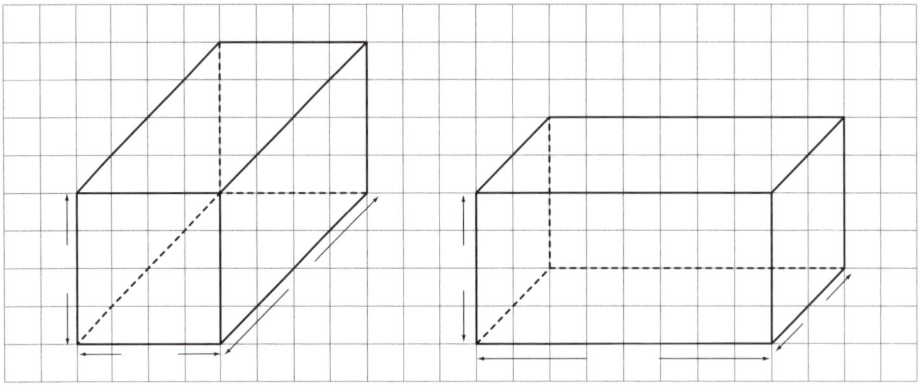

Regeln & Formeln

Körpernetz, Netzbild

Schneidet man einen Körper, z. B. einen Quader, an den Kanten auf und legt die Seitenflächen und die Oberfläche in die Zeichenebene, so erhält man ein Körpernetz (Netz, Netzbild) des Körpers.

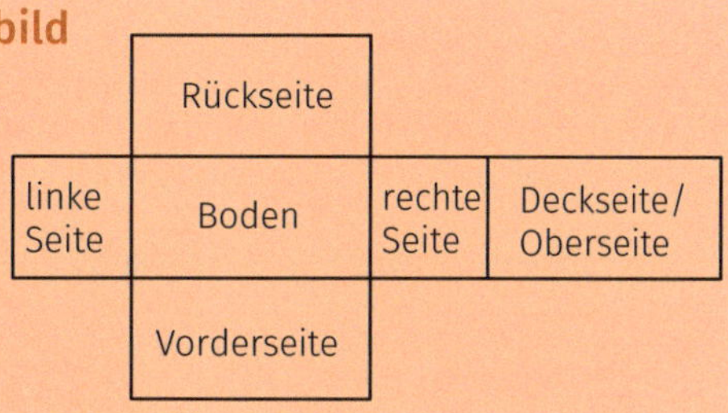

Mithilfe des Körpernetzes kann man die Oberfläche leicht berechnen.

7 Zeichne die Körpernetze eines Würfels mit der Kantenlänge 2 cm und eines Quaders mit der Länge $l = 3\,cm$, der Breite $b = 2\,cm$ und der Höhe $h = 1\,cm$. im Maßstab 1 : 2. (**Maßstab** 1 : 2 bedeutet: ein Zentimeter in der Zeichnung entspricht zwei Zentimetern in der Wirklichkeit.)

Regeln & Formeln

Oberfläche und Volumen von Würfel und Quader

- Oberfläche O eines Quaders mit der Länge l, der Breite b und der Höhe h: $O = 2 \cdot h \cdot b + 2 \cdot h \cdot l + 2 \cdot b \cdot l = 2 \cdot (h \cdot b + h \cdot l + b \cdot l)$
- Volumen V (Rauminhalt) des Quaders: $V = l \cdot b \cdot h$
- Oberfläche O eines Würfels mit Seitenlänge a: $O = 6 \cdot a \cdot a = 6a^2$
- Volumen V des Würfels: $V = a \cdot a \cdot a = a^3$

8 Berechne mit den angegebenen Kantenlängen Volumen und Oberfläche des Würfels.

a) Kantenlänge 3 cm V = ________ O = ________

b) Kantenlänge 10 cm V = ________ O = ________

c) Kantenlänge 2 m V = ________ O = ________

9 Berechne Volumen und Oberfläche des Quaders.

	a)	b)	c)	d)	e)
Länge	3 cm	4 cm	1 cm	50 cm	1 m
Breite	4 cm	2 cm	10 cm	1 m	2 m
Höhe	5 cm	4 cm	1 cm	20 cm	3 m

10 Ist die Aussage wahr [W], oder falsch [f]? Begründe, wenn sie falsch ist.

a) ☐ Beim Würfel sind alle Kanten gleich lang.

b) ☐ Bei einem Schrägbild kann man alle Maße eines Körpers direkt messen.

c) ☐ Beim Würfel sind alle Raumdiagonalen gleich lang.

d) ☐ Eine Raumdiagonale eines Quaders ist immer kürzer als die längste Kante.

7.6 Zusammengesetzte Körper

Regeln & Formeln Aus Quadern und Würfeln lassen sich Körper zusammensetzen (addieren) und voneinander abziehen (subtrahieren). Man spricht auch dann noch von „zusammengesetzten Körpern", wenn man von einem Quader oder Würfel einen anderen Quader oder Würfel ausschneidet.

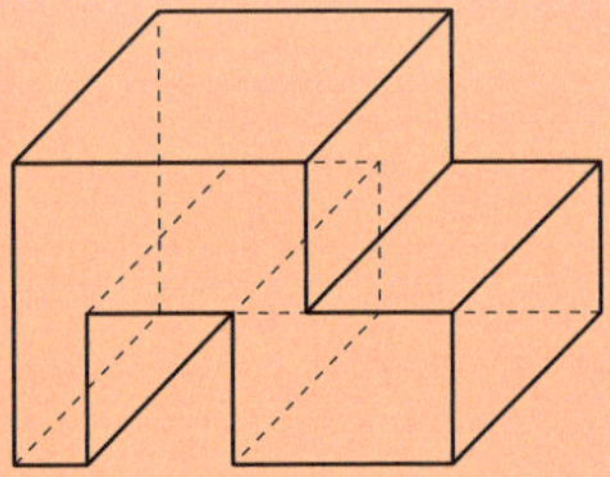

11 Bestimme das Volumen und die Oberfläche der im Schrägbild gezeichneten Körper.

a) zwei aufeinanderliegende Quader

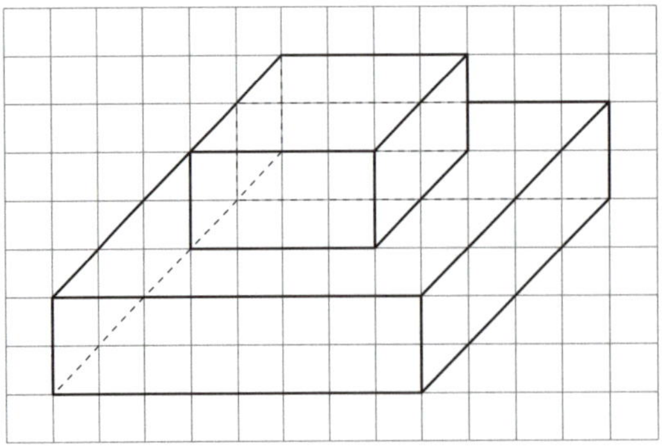

b) Würfel, aus dem ein Quader ausgeschnitten wurde

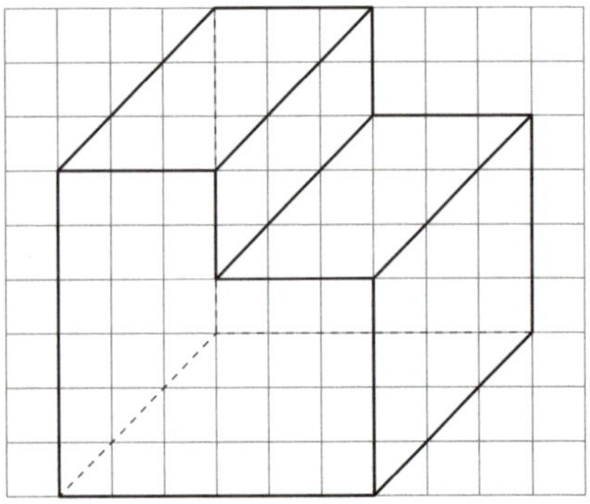

60 Welche Eigenschaften hat ein Quadrat im Vergleich mit einem beliebigen Viereck? ______

______

61 Wie berechnet man den Flächeninhalt von (nicht speziellen) Vierecken?

______

62 Weshalb ist jedes Quadrat auch ein Parallelogramm? ______

______

63 Was versteht man unter Diagonalen und Raumdiagonalen? ______

______

64 In welchen Vierecken halbieren sich beide Diagonalen?

______

65 Mit welcher Formel bestimmt man den Flächeninhalt eines Dreiecks?

______

66 An welchen drei Eigenschaften erkennt man, dass ein Viereck ein Parallelogramm ist? ______

______

67 Beschreibe, wie man ein Schrägbild von Würfel und Quader zeichnet.

______

______

68 Nenne die Formeln für Volumen und Oberfläche eines Würfels bzw. eines Quaders? ______

______

69 Wie groß sind die Innenwinkelsummen von Dreiecken und Vierecken?

______

__/4 **1** Alle geradlinig begrenzten Figuren lassen sich in Dreiecke aufteilen. Teile das Fünfeck vom Punkt A ausgehend in Dreiecke ein und berechne im Heft seinen Flächeninhalt.

A = ____________________

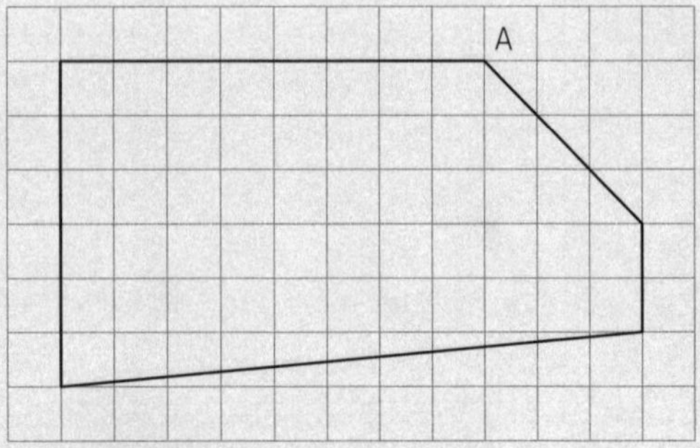

__/4 **2** Die drei Punkte A(−2|−2), B(2|0) und C(0|1) sind Eckpunkte eines Parallelogramms. Zeichne das Parallelogramm, indem du den fehlenden Punkt D ergänzt und bestimme dann den Flächeninhalt.

A = ____________________

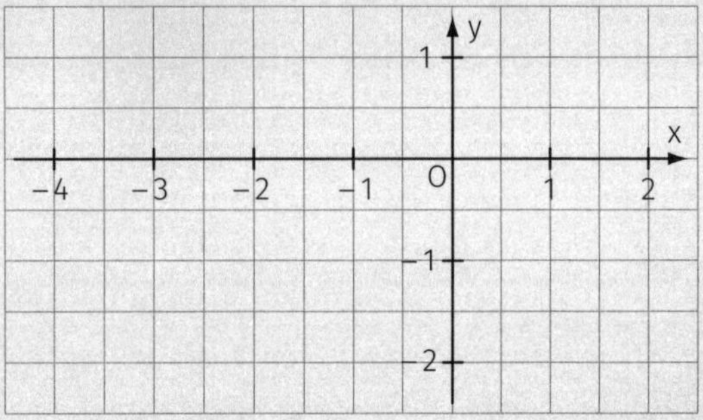

__/6 **3** Zeichne die Kreise K_1 mit $M_1(-2|1)$ und $r = 4\,cm$, K_2 mit $M_2(3|-1)$ und $r = 3\,cm$, K_3 mit $M_3(2|1)$ und $r = 2\,cm$.
Gib jeweils 3 Punkte an, die innerhalb aller drei Kreise liegen, innerhalb von K_1 und K_2 aber nicht in K_3 liegen, nur innerhalb von K_1 liegen.

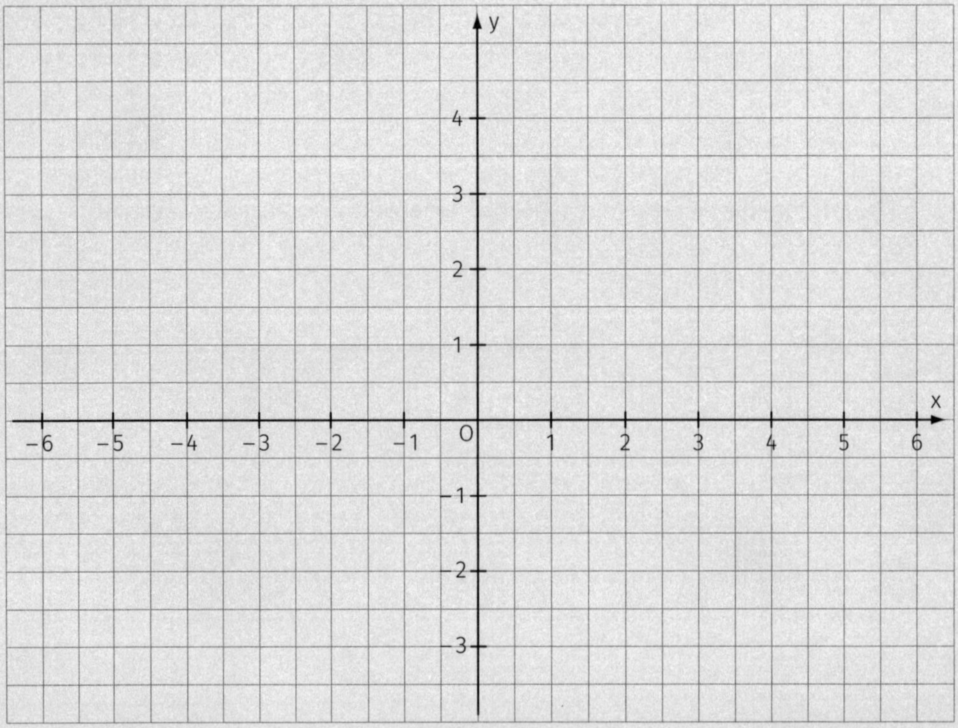

4 Berechne die fehlenden Größen der Quader. __/5

	Q_1	Q_2	Q_3	Q_4	Q_5
Länge	2 cm	2 cm	2 cm		12 cm
Breite	5 cm	4 cm	3 cm		20 cm
Höhe	6 cm			5 cm	100 cm
Volumen		40 cm³		30 cm³	
Oberfläche			32 cm²	62 cm²	

5 Gegeben ist das Netzbild eines Quaders. Berechne Volumen und Oberfläche und zeichne den Quader im Schrägbild. __/6

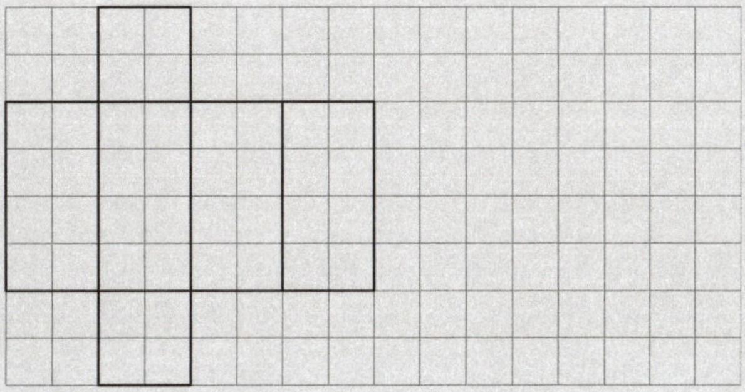

V = ____________________

O = ____________________

6 Die Buchstaben werden aus Gips gegossen. Berechne das Gewicht, wenn 1 cm³ Gips 20 g wiegt. __/4

a) Buchstabe F ____________________

b) Buchstabe H ____________________

Gesamtpunktzahl ___/29

8 Flächen und Umfang

Wer sein Haus renovieren will, sollte nicht nur handwerklich geschickt sein, er sollte sich auch mit der Berechnung von Flächen auskennen.

8.1 Quadrat und Rechteck

Regeln & Formeln

Der **Flächeninhalt A eines Quadrats** mit der Seitenlänge a wird mit der Formel $A = a \cdot a$ berechnet. Für den **Umfang u des Quadrats** gilt: $u = 4 \cdot a$.

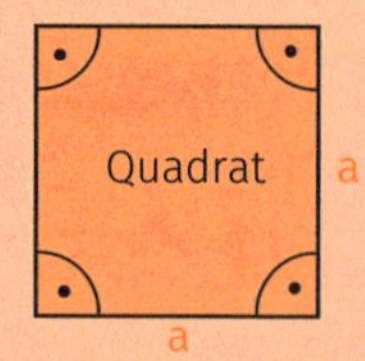

Der **Flächeninhalt A eines Rechtecks** mit der Länge a und der Breite b wird mit der Formel $A = a \cdot b$ berechnet. Für den **Umfang u des Rechtecks** gilt: $u = 2 \cdot a + 2 \cdot b$.

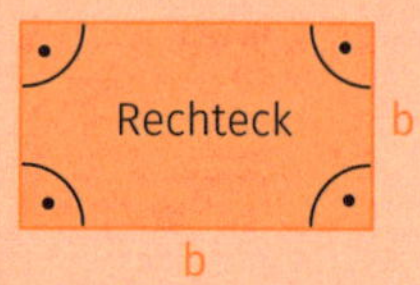

Beachte: Bei der Berechnung einer Fläche oder eines Umfangs müssen alle Seitenlängen die gleiche Einheit haben!

1 Berechne Flächeninhalt und Umfang der abgebildeten Figuren.

a)

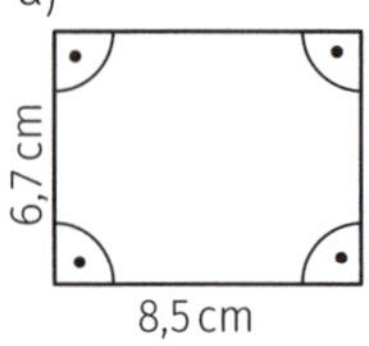

b)

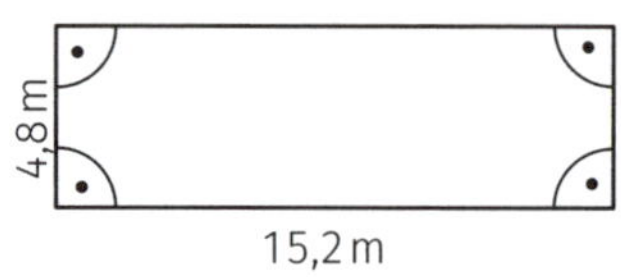

c)

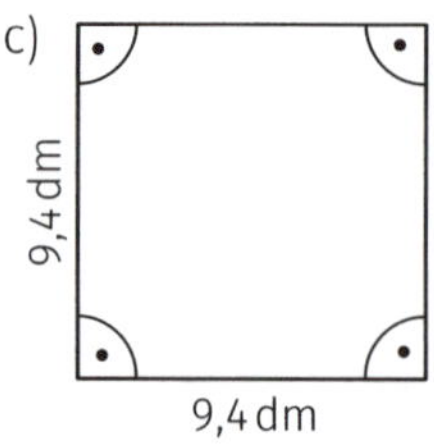

2 Landwirt Weidemann möchte eine Wiese, die 32,50 m breit und 45,70 m lang ist, einzäunen und seine Kühe darauf weiden lassen.

a) Wie viel Geld muss er für den Zaun ausgeben, wenn 1 m Zaun 12,50 € kostet?
b) Wie viele Kühe kann er auf die Wiese lassen, wenn eine Kuh mindestens 200 m^2 Fläche benötigt?

Tipp

Der Umfang eines beliebigen Vielecks ist immer die Summe aller seiner Seitenlängen. Man kann sich das leicht merken, wenn man „in Gedanken" einmal um die Figur herumläuft.

8.2 Dreiecke

Regeln & Formeln

Der **Flächeninhalt A eines beliebigen Dreiecks** wird mit der Formel $A = \frac{1}{2} \cdot g \cdot h$ berechnet (mit der Grundseite g und der Höhe h) bzw. mithilfe einer Seite und der zugehörenden Höhe: $A = \frac{1}{2} a \cdot h_a$ oder $A = \frac{1}{2} b \cdot h_b$ oder $A = \frac{1}{2} c \cdot h_c$

Den **Flächeninhalt eines rechtwinkligen Dreiecks** kann man auch mit der Formel $A = \frac{1}{2} \cdot a \cdot b$ berechnen (mit den rechtwinkligen Seiten a und b).

Für den **Umfang u jedes Dreiecks** gilt: **$u = a + b + c$.**

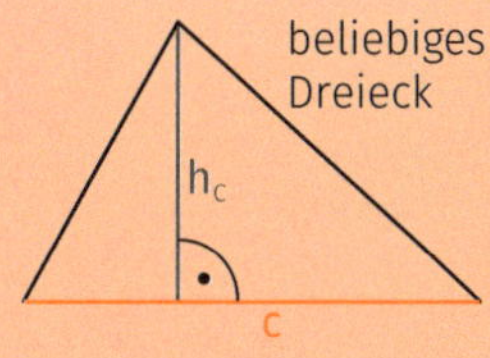

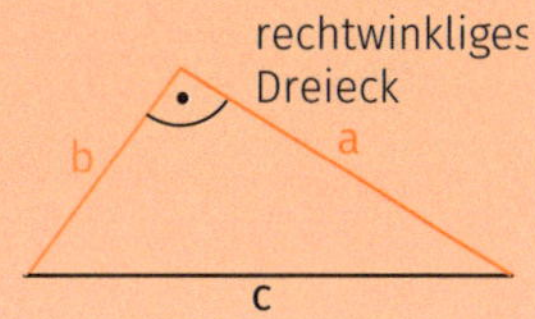

Um die **Höhe eines Dreiecks** zu zeichnen, muss man das Geodreieck rechtwinklig zur Grundseite anlegen. Gleichzeitig muss die Kante auf derjenigen Ecke des Dreiecks liegen, die der Grundseite gegenüberliegt. Bei stumpfwinkligen Dreiecken muss man dazu die Grundseite verlängern.

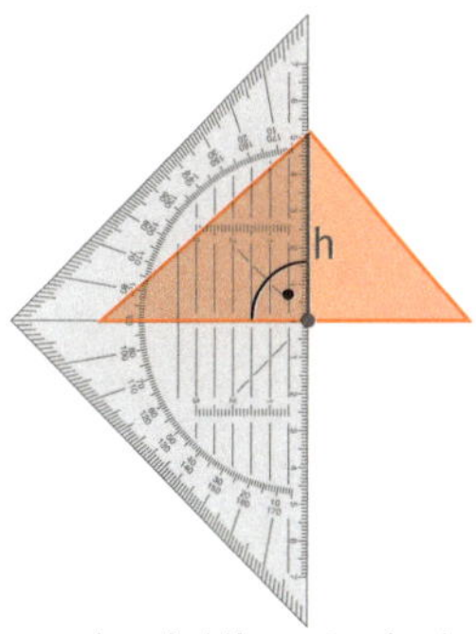

spitzwinkliges Dreieck

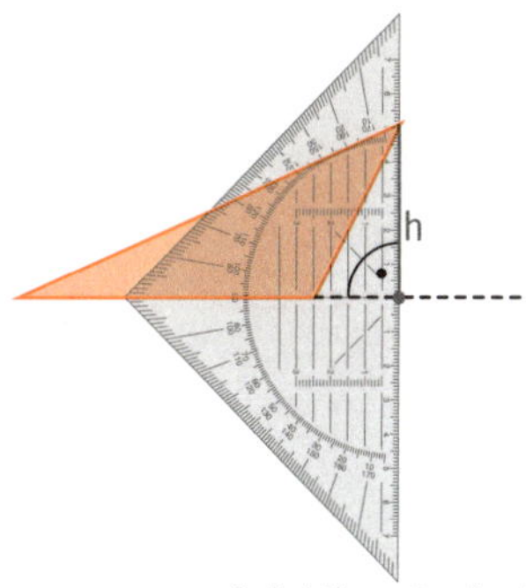

stumpfwinkliges Dreieck

3 Berechne den Flächeninhalt der Dreiecke. Entnimm die benötigten Längen der Zeichnung. Überprüfe dein Ergebnis, indem du die Kästchen zählst. Fasse dabei geeignete Bruchteile zu ganzen Kästchen zusammen. Beachte: Bei stumpfwinkligen Dreiecken kann eine Höhe auch außerhalb des Dreiecks liegen.

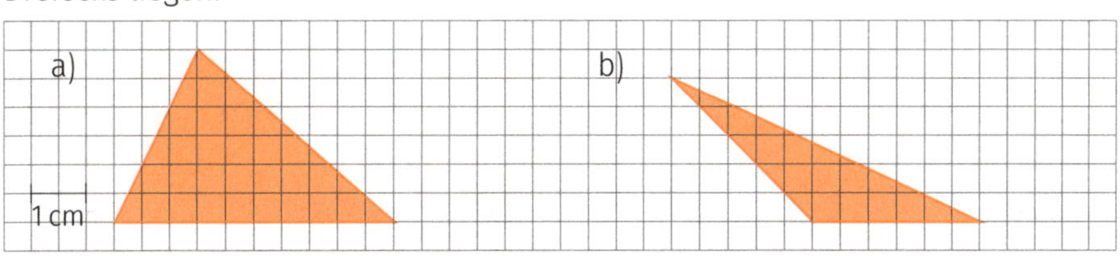

____

____

8.3 Parallelogramme

Regeln & Formeln

Der **Flächeninhalt A eines Parallelogramms** wird mit der Formel **A = a · h** berechnet (mit der Grundseite a und der Höhe h). Beachte, dass man jede der zwei Seiten als Grundseite betrachten kann.

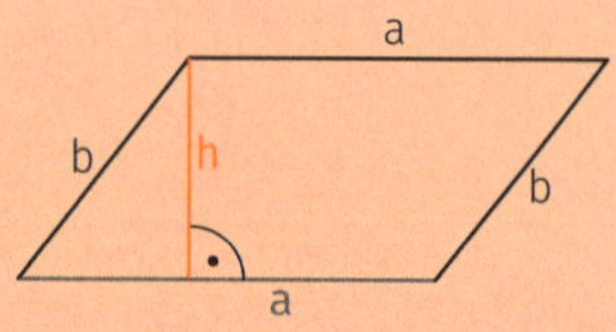

Die Höhe h steht immer senkrecht auf der entsprechenden Grundseite.
Für den **Umfang u eines Parallelogramms** gilt: **u = 2 · a + 2 · b**.

4 Berechne Flächeninhalt und Umfang der Parallelogramme.

a)

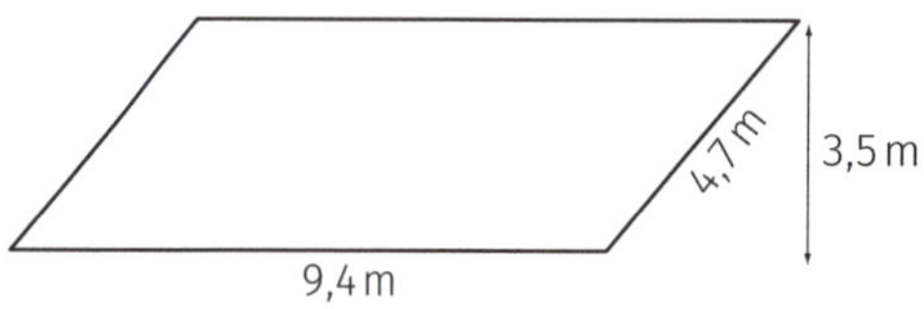

b)

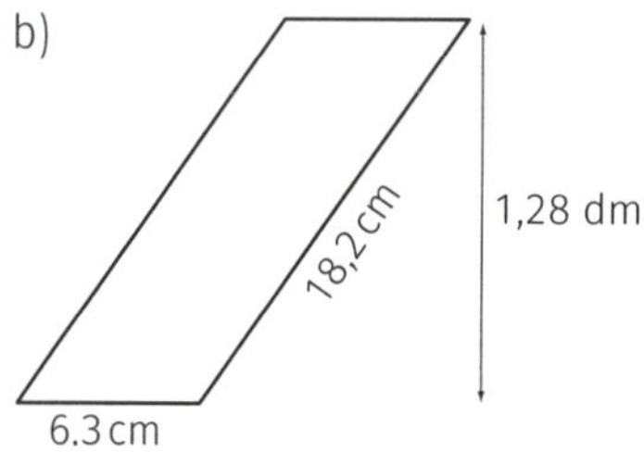

5 Berechne den Flächeninhalt des Parallelogramms und des Rechtecks. Was fällt auf? Begründe das Ergebnis mithilfe der Zeichnung.

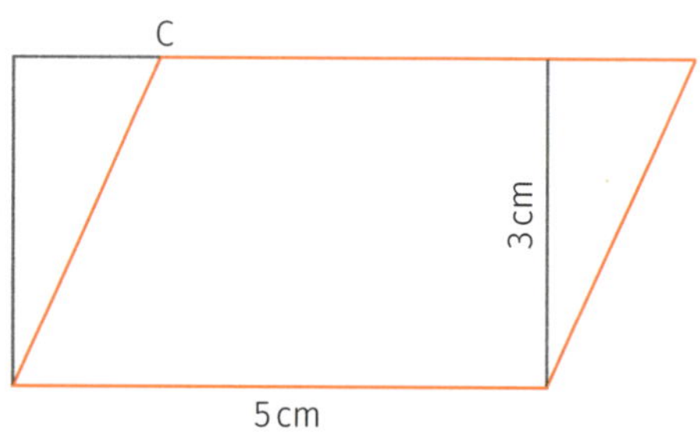

6 Durch einen rechteckigen Acker soll eine 10 m breite Straße gebaut werden. Erstelle eine Skizze mit dem Maßstab 10 m ≙ 1 cm, und miss die benötigten Strecken. Wie viele Quadratmeter gehen dem Landwirt verloren?

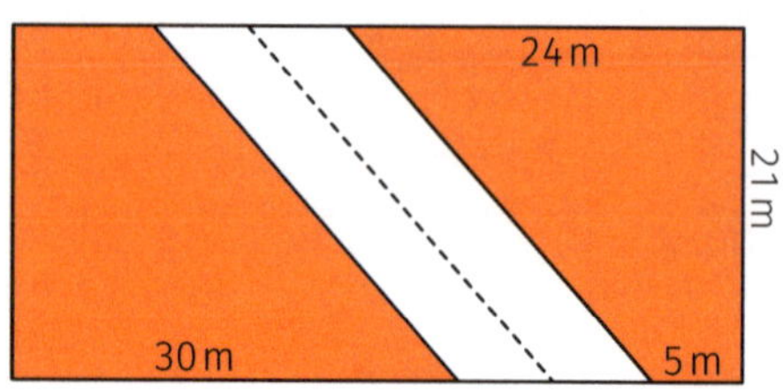

8.4 Trapeze

Regeln & Formeln

Der **Flächeninhalt A** eines **Trapezes** wird mit der Formel $A = \frac{1}{2} \cdot (a + c) \cdot h$ berechnet (mit der Grundseite a, der Oberseite c und der Höhe h).
Für den **Umfang u** eines Trapezes gilt:
$u = a + b + c + d$.

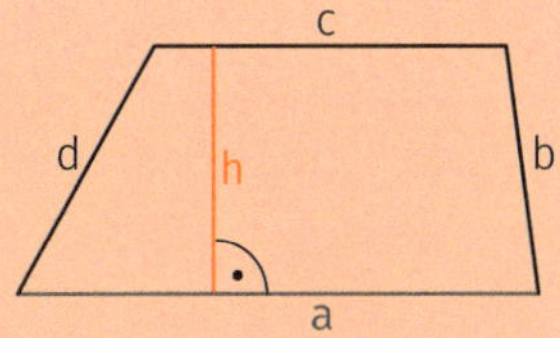

7 Berechne den Flächeninhalt der Trapeze. Entnimm die benötigten Längen der Zeichnung. Überprüfe dein Ergebnis, indem du die Kästchen zählst. Fasse dabei geeignete Bruchteile zu ganzen Kästchen zusammen.

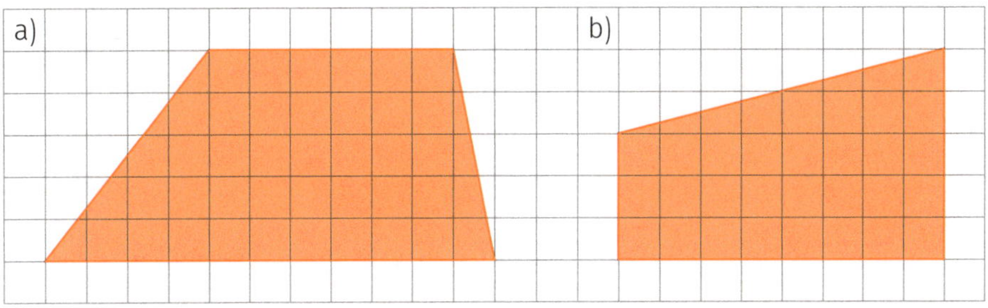

8 Berechne Flächeninhalt und Umfang der abgebildeten Trapeze im Heft.

a)

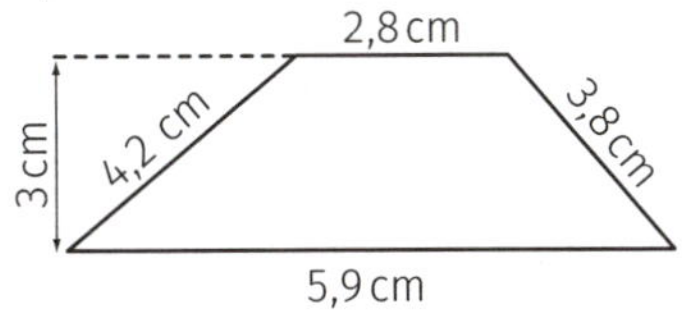

b)

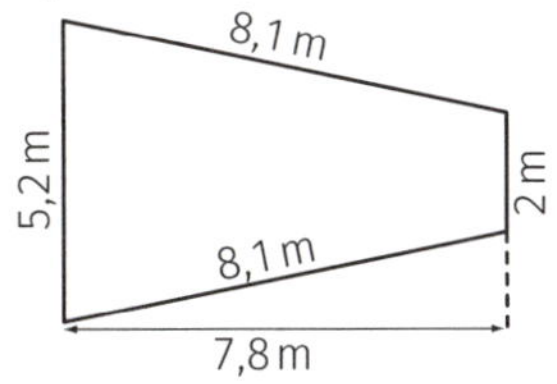

c)

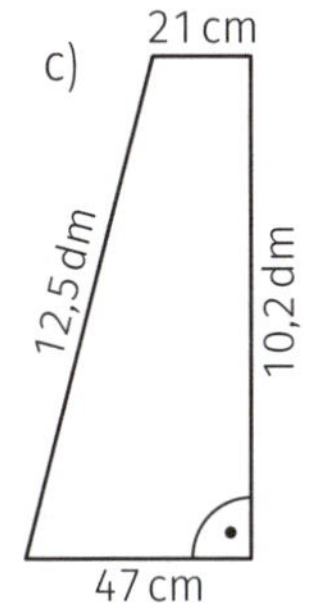

9 Zum Schutz vor der Flut wurden an der Nordseeküste Deiche gebaut. Die Abbildung zeigt den Querschnitt eines solchen Deiches. Wie groß ist die Querschnittsfläche?

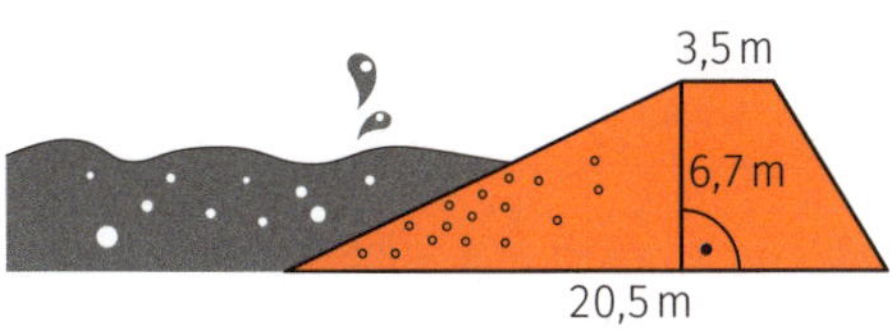

8.5 Drachen und Raute

Regeln & Formeln

Der **Flächeninhalt A eines Drachens** wird mit der Formel $A = \frac{1}{2} \cdot e \cdot f$ berechnet (mit den Diagonalen e und f). Für den **Umfang eines Drachens** gilt: $u = 2 \cdot a + 2 \cdot b$.
Eine **Raute** ist ein Drachen, in dem alle 4 Seiten gleich lang sind. Für den Umfang einer Raute gilt: $u = 4 \cdot a$.
Die **Diagonalen** e und f stehen immer senkrecht aufeinander.

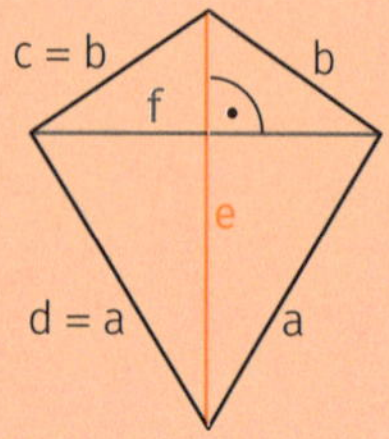

10 Berechne die Fläche und den Umfang der Drachen im Heft.

a)

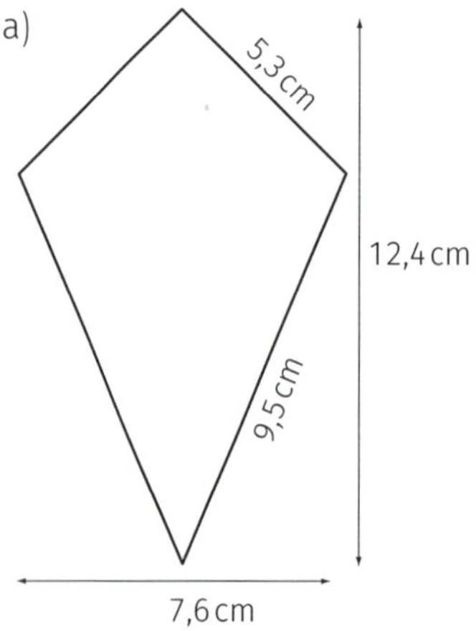

b)

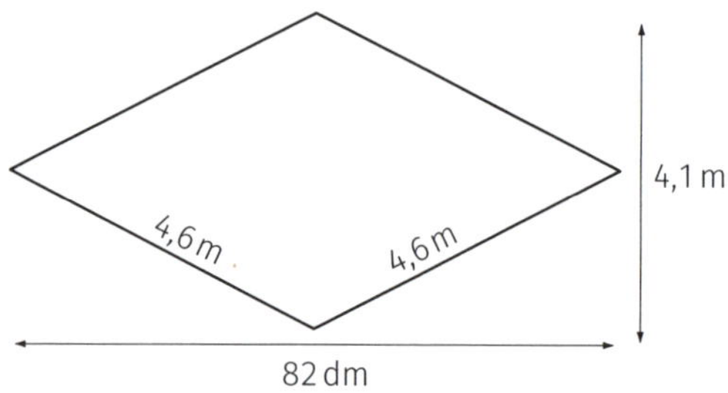

c)

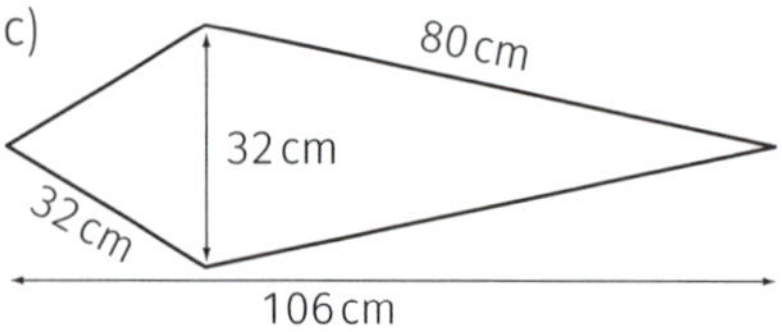

11 Paul und Martin möchten Drachen steigen lassen. Paul sagt: „Mein Drachen ist viel größer, weil er 70 cm hoch ist und deiner nur 62 cm."
Hat Paul recht, wenn sein Drachen 38 cm breit und Martins Drachen 45 cm breit ist?

8.6 Kreis

Regeln & Formeln Der **Flächeninhalt** A eines Kreises wird mit der Formel $A = \pi \cdot r^2$ berechnet (mit der Zahl $\pi \approx 3{,}14$ – sprich „*pi*" – und dem Radius r).
Für den **Kreisumfang** u gilt: $u = 2 \cdot \pi \cdot r$.
Zur Erinnerung: Der Radius r ist die Strecke vom Mittelpunkt M zum Kreisbogen. Der doppelte Radius ist der Durchmesser. $d = 2 \cdot r$.

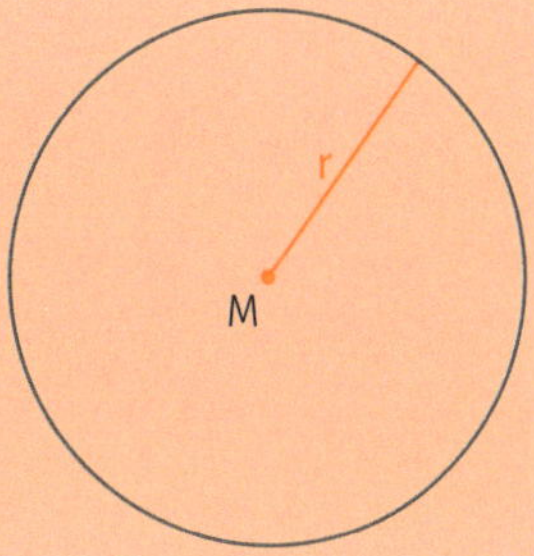

12 Zeichne einen Kreis mit Radius $r = 2\,cm$ und berechne den Flächeninhalt (mit $\pi \approx 3{,}14$). Überprüfe dein Ergebnis, indem du die Kästchen zählst.

13 Berechne den Flächeninhalt und den Umfang des Kreises (mit $\pi \approx 3{,}14$).

a) $r = 5\,cm$ b) $r = 8{,}5\,m$ c) $d = 16\,cm$ d) $d = 36\,mm$

14 Berechne im Heft den Flächeninhalt und den Umfang der abgebildeten Figuren. Zeichne zuerst den Radius ein.

a)
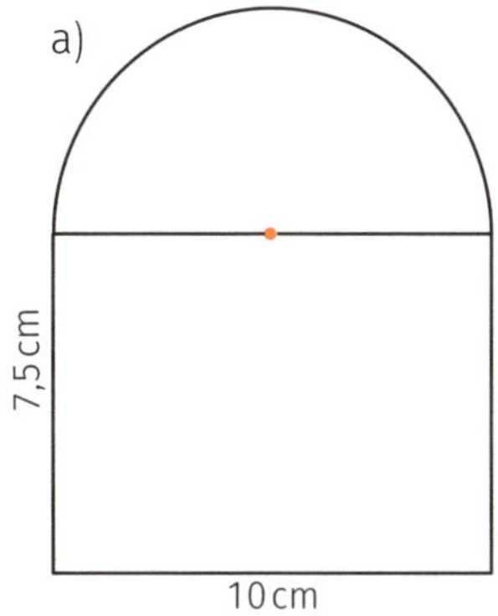

b)
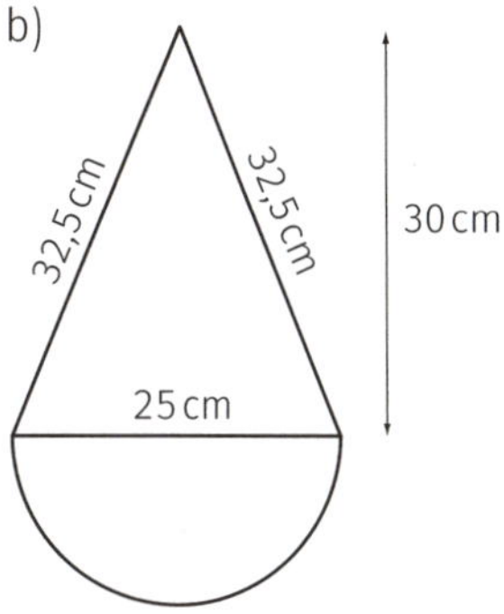

15 Susi legt sich beim Abendessen eine Scheibe Schweizer Käse aufs Brot. „Der Käse besteht ja zur Hälfte aus Löchern", protestiert sie. Hat Susi recht? Rechne im Heft. Die Zahlen in den Löchern geben jeweils den Durchmesser an.

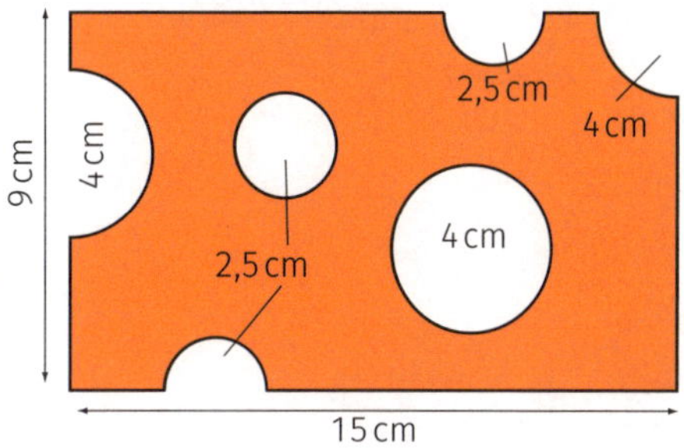

70 Mit welchen Formeln berechnet man den Flächeninhalt eines Quadrats bzw. eines Rechtecks? ____________________

____

71 Mit welcher Formel berechnet man den Flächeninhalt eines beliebigen Dreiecks? ____________________

72 Welche Besonderheit gibt es bei der Flächenberechnung rechtwinkliger Dreiecke? ____________________

____

73 Was muss man beachten, wenn man die Höhe auf eine der kürzeren Seiten eines stumpfwinkligen Dreiecks zeichnen will? ____________________

____

74 Nenne die Formel für den Flächeninhalt eines Parallelogramms.

____

75 Nenne die Formel für den Flächeninhalt eines Trapezes.

____

76 Mit welcher Formel berechnet man den Flächeninhalt eines Drachens?

____

77 Wie kann man den Umfang von jedem beliebigen Vieleck berechnen?

____

78 Mit welchen Formeln berechnet man Flächeninhalt und Umfang eines Kreises? ____________________

____

1 Die Zeichnung zeigt den Grundriss einer Wohnung. __/8

a) Wie viel Miete kostet die Wohnung, wenn der Vermieter für 1 m² Fläche 7,25 € verlangt?

b) Wie viel m² Teppich braucht man, wenn der alte Teppich erneuert werden soll? In Küche und Bad sollen Fliesen gelegt werden.

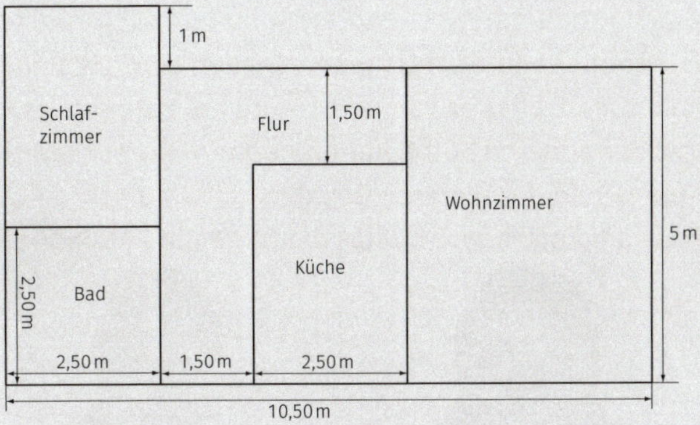

__/6

2 Berechne den Flächeninhalt.

a)

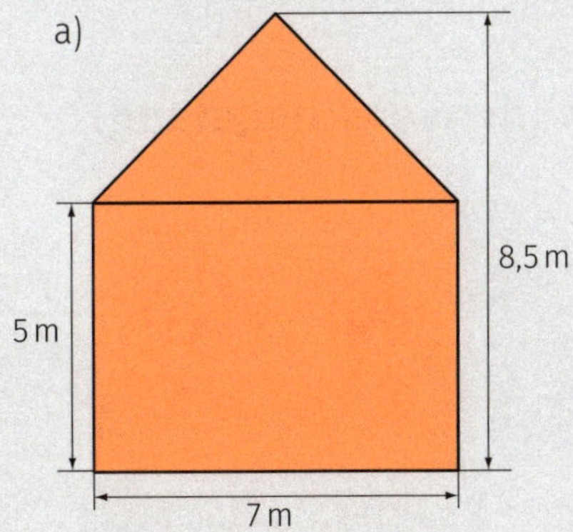

b)

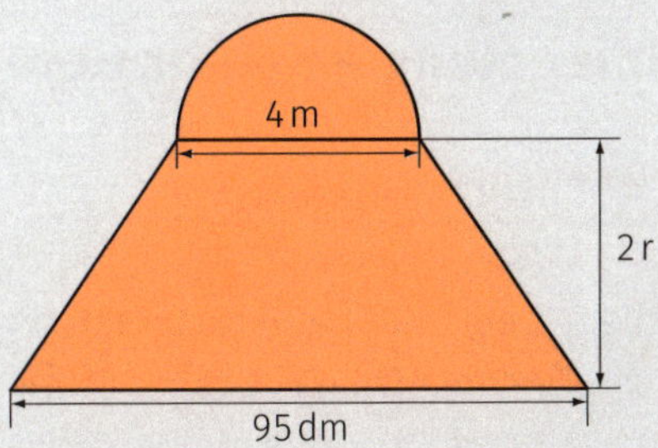

3 Zeichne das Vieleck, zerlege es in Teilflächen und bestimme den Flächeninhalt. Miss die benötigten Längen. Tipp: Trage zuerst die Hilfslinie AE ein. __/6

A(−2|1); B(0|−1,5); C(2,5|−1,5); D(5|0); E(5|2,5); F(2,5|4)

4 Berechne den Flächeninhalt und den Umfang der markierten Fläche im Heft. __/4

a)

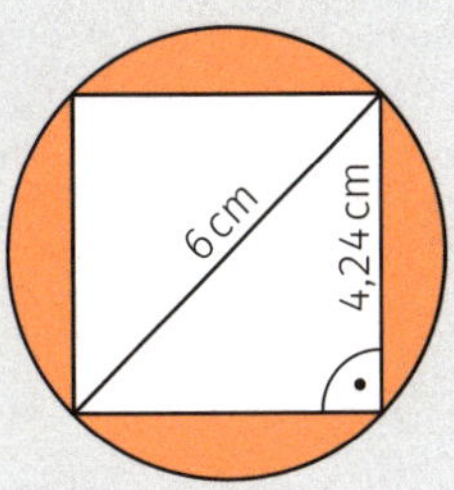

b)

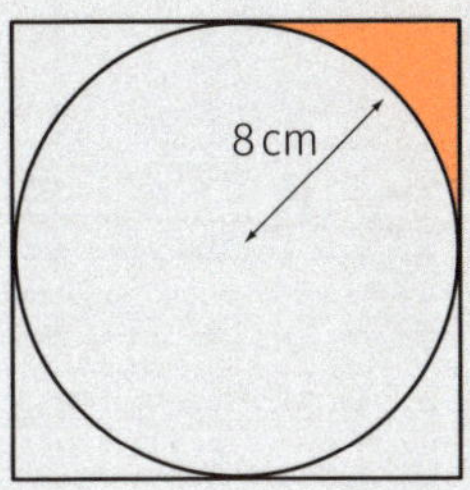

Gesamtpunktzahl ___/24

9 Symmetrie

Es wird behauptet, dass jeder Mensch eine „Schokoladenseite" hat. Damit meint man, dass er von einer Seite bei Fotografien vorteilhafter aussieht als von der anderen Seite. Auf den ersten Blick scheint eine Gesichtshälfte das Spiegelbild der anderen Gesichtshälfte zu sein.
Dass dem nicht so ist, zeigt die folgende Fotomontage:

die rechte Gesichtshälfte nach links gespiegelt

das richtige Bild

die linke Gesichtshälfte nach rechts gespiegelt

9.1 Spiegelung an einer Geraden (Achsenspiegelung)

Regeln & Formeln

Geradenspiegelung (Achsenspiegelung)

Man spiegelt einen **Punkt** P (**Urpunkt**) an einer Geraden g, indem man das **Lot** von P auf g fällt (→ Seiten 68 und 69) und dann die Strecke von P zum Lotfußpunkt F verdoppelt. Der **Bildpunkt** von P heißt P'. Man spiegelt eine **Gerade** h, indem man zwei beliebige Punkte von h an der Geraden g spiegelt und diese dann zu h' verbindet.

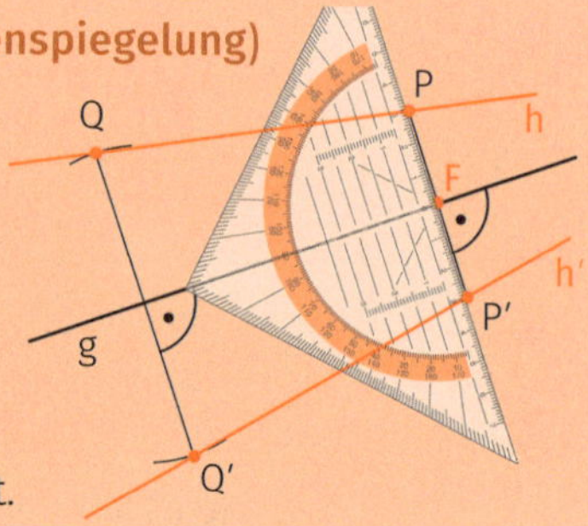

1 Spiegle die Punkte A, B, C, D, E, F jeweils an den Geraden g und h.

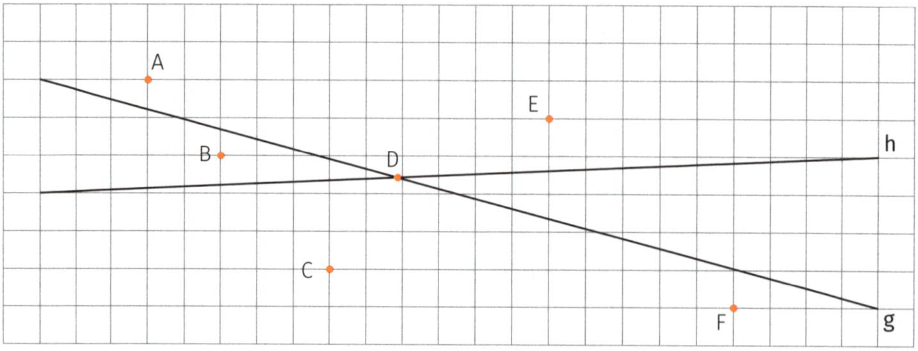

2 Gegeben sind Punkt und Spiegelpunkt.
Zeichne jeweils die Gerade ein, über die gespiegelt wurde.

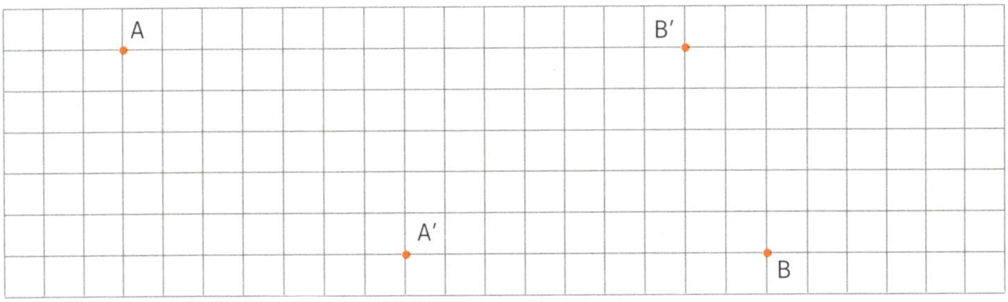

3 Spiegle die Punkte A(3|3), B(2|1) und C(−1|−2)

a) an der x-Achse.

A′(___|___), B′(___|___), C′(___|___)

b) an der y-Achse.

A″(___|___), B″(___|___), C″(___|___)

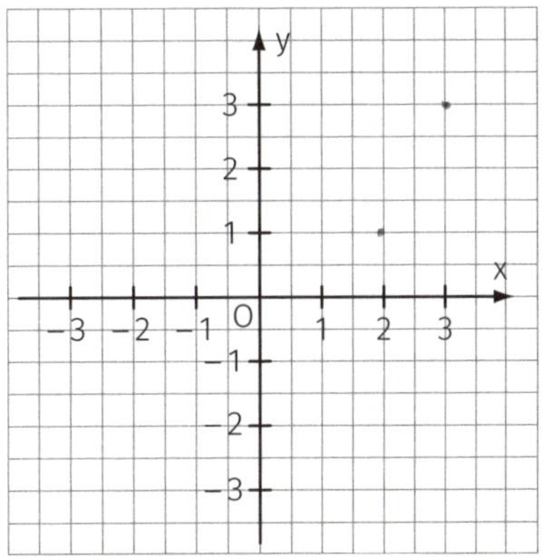

Regeln & Formeln

Spiegeln einer Figur an einer Geraden

Eine ebene Figur wird an einer Geraden gespiegelt, indem man **die Eckpunkte spiegelt** und diese gespiegelten Eckpunkte entsprechend dem Urbild verbindet.

4 Spiegle a) die Figur ABCD an h und b) die Figur EFGH an g.

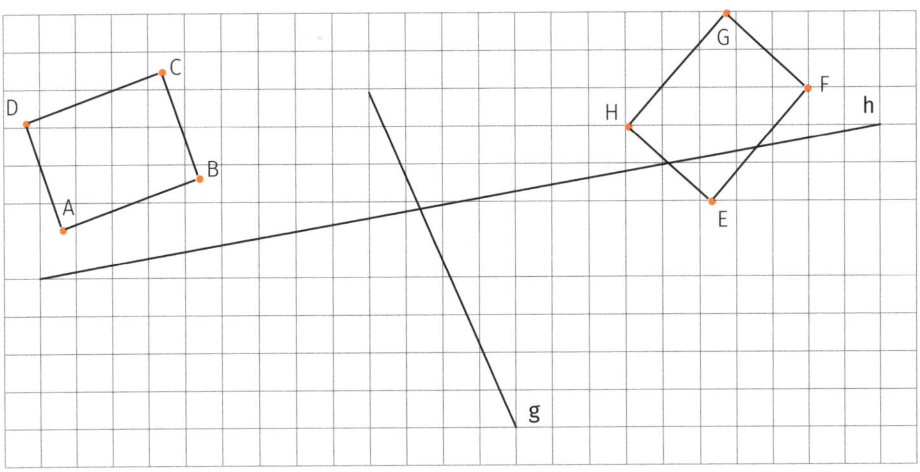

9.2 Achsensymmetrische Figuren

Regeln & Formeln

Eine Figur ist **achsensymmetrisch**, wenn man sie durch Spiegelung an einer Geraden g **auf sich selbst abbilden** kann.
Diese Gerade g heißt dann **Symmetrieachse** oder **Spiegelachse**.
Eine Figur kann **mehrere Symmetrieachsen** haben.
Achsensymmetrische Figuren kann man auch über Scherenschnitte oder Falten erzeugen.

5 Überlege dir, ob die Figuren eine oder mehrere Symmetrieachsen haben und zeichne alle ein.

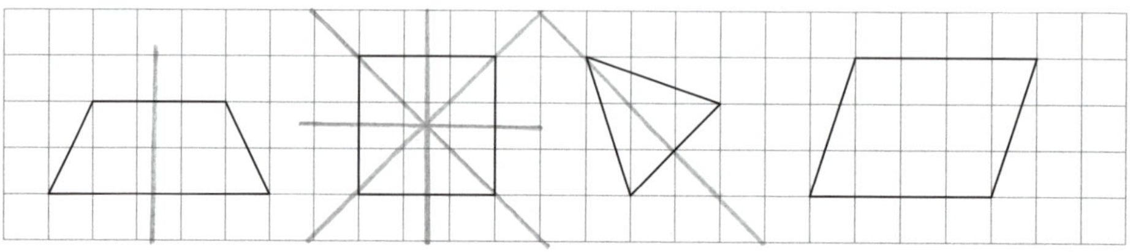

6 Sind die Buchstaben achsensymmetrisch?
Wenn ja, zeichne die Symmetrieachsen ein und gib ihre Anzahl an.

Buchstabe	H	A	B	R	S	U	W
Anzahl der Symmetrieachsen	2	1	1	0	0	1	1

7 Vervollständige die Figuren so, dass sie achsensymmetrisch zu den vorgegebenen Achsen sind.

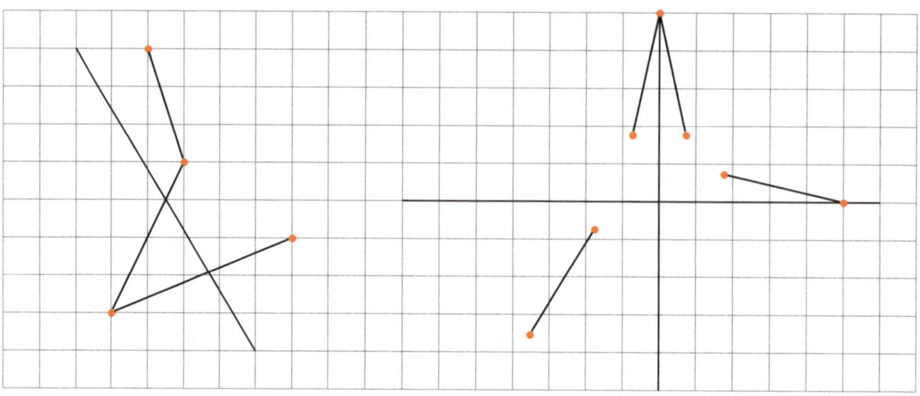

9.3 Spiegelung an einem Punkt

Regeln & Formeln

Punktspiegelung

Man spiegelt einen **Punkt** P an einem Punkt Z, indem man die Strecke von $\overline{PZ}$ über Z hinaus verdoppelt. Der Bildpunkt von P heißt P'. Z ist dann die Mitte der Strecke PP' und heißt **Zentrum**.

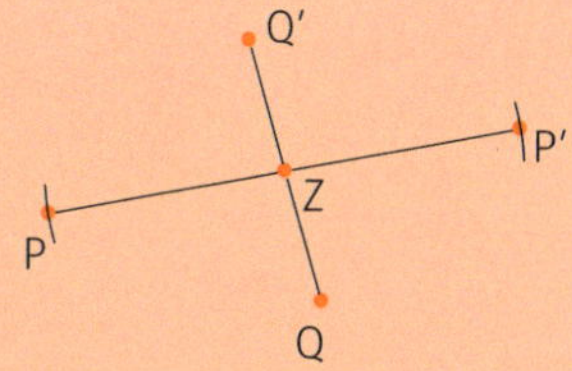

Um eine **Figur** an einem Punkt zu spiegeln, spiegelt man ihre Eckpunkte.
Um eine **Gerade** an einem Punkt zu spiegeln, spiegelt man zwei beliebige Punkte der Geraden und verbindet diese zur gespiegelten Geraden.

8 Spiegle die Punkte A, B und C sowie die Gerade g am Zentrum Z.

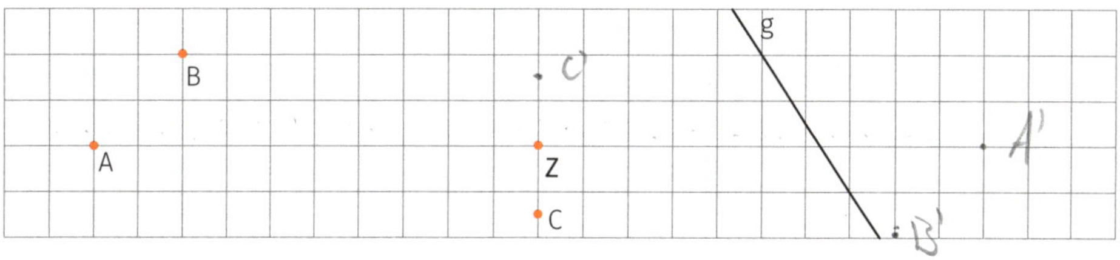

9 Gegeben sind Punkt und Spiegelpunkt. Zeichne jeweils das Zentrum Z ein.

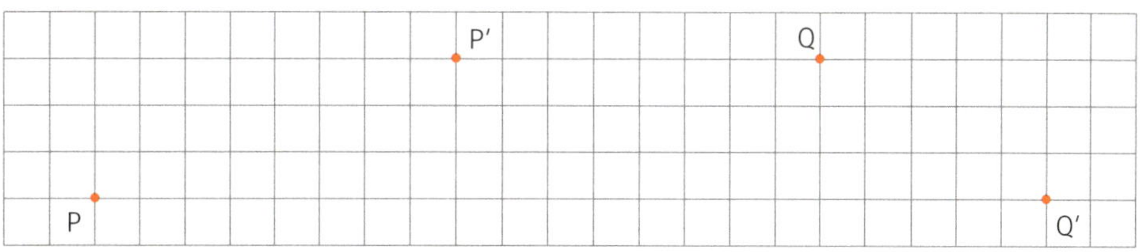

10 Spiegle die Figur ABCD am Zentrum Z_1 und die Figur EFGH am Zentrum Z_2.

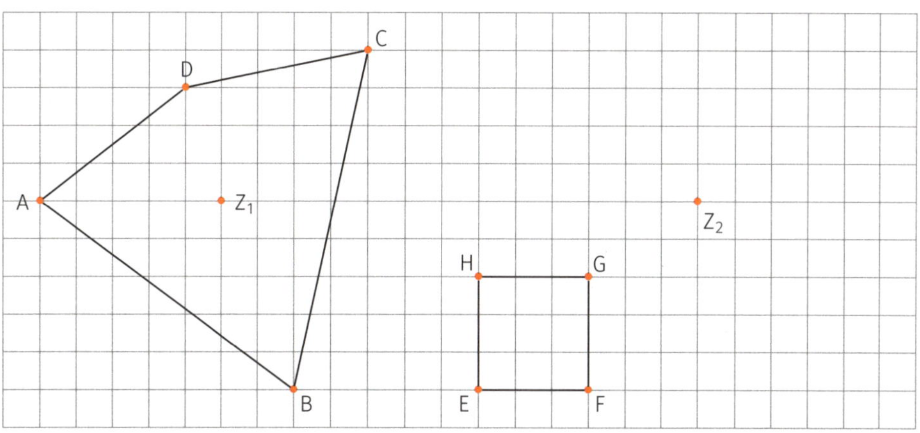

9.4 Punktsymmetrische Figuren

Regeln & Formeln Eine Figur ist **punktsymmetrisch**, wenn man die Figur durch Spiegelung an einem Zentrum Z auf sich selbst abbilden kann.
Eine Figur kann höchstens **ein Symmetriezentrum** haben.

11 Zeichne, wenn möglich, das Symmetriezentrum ein.

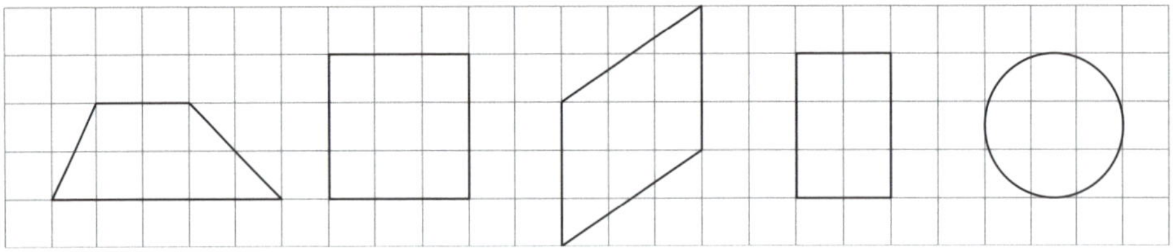

12 Vervollständige zu punktsymmetrischen Figuren.

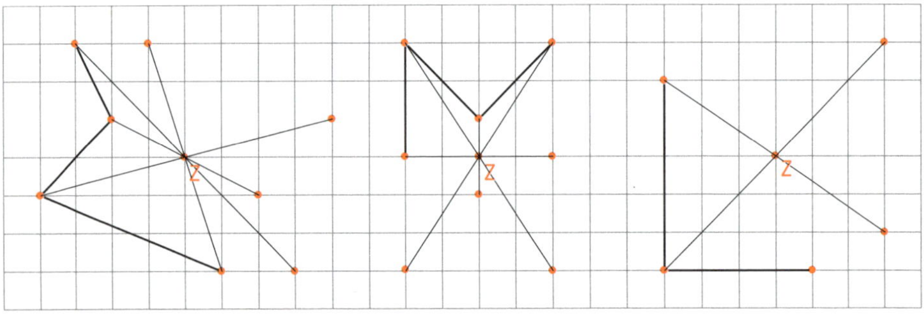

9.5 Der Umlaufsinn

Regeln & Formeln **Der Umlaufsinn einer mathematischen Figur heißt**
- **positiv**, wenn die Reihenfolge der Punkte gegen den Uhrzeigersinn verläuft;
- **negativ**, wenn die Reihenfolge der Punkte im Uhrzeigersinn verläuft.

Üblicherweise ist in der Mathematik der Umlaufsinn immer positiv.

13 Verändern Punkt- und Achsenspiegelungen den Umlaufsinn einer Figur? (Vergleiche dazu die Lösungen zu Aufgabe 4 und 10 auf Seite 134 und 135.)

79 Wie spiegelt man einen Punkt P an einer Geraden g?

80 Wie führt man eine Achsenspiegelung einer Geraden durch?

81 Sind Quadrate achsensymmetrisch?

82 Sind alle Dreiecke achsensymmetrisch?

83 Wann ist eine ebene Figur punktsymmetrisch zum Zentrum Z?

84 Wie viele Symmetrieachsen hat ein gleichseitiges Dreieck?

85 Sind Quadrate punktsymmetrisch? Wenn ja, wo liegt das Zentrum?

86 Verändert sich beim Dreieck durch Achsenspiegelung sein Flächeninhalt?

87 Kann man bei einer Punktspiegelung, wenn man einen Punkt und seinen Bildpunkt kennt, das Zentrum der Spiegelung bestimmen?

88 Wann spricht man bei einem Vieleck von einem positiven Umlaufsinn? Verändert ein Dreieck bei einer Geradenspiegelung seinen Umlaufsinn?

__/7 **1** Untersuche die Buchstaben und Zahlen auf Symmetrie.
Zeichne gegebenenfalls die Achsen und das Zentrum ein.

	I	W	O	E	H	S	3
punktsymmetrisch							
achsensymmetrisch							
mehrere Achsen							

__/7 **2** Skizziere die Figuren und zeichne, wenn möglich, Symmetrieachsen und Symmetriezentren ein. Fülle dann die Tabelle aus.

Figur	**Anzahl der Symmetrieachsen**	**Punktsymmetrie**
Quadrat		
gleichseitiges Dreieck		
Rechteck		
Trapez		
Raute		
Parallelogramm		
Drachen		

3 a) Spiegle das Dreieck ABC zunächst an g und dann das entstandene Bild an Z. (ABC → A′B′C′ → A″B″C″) ___/4

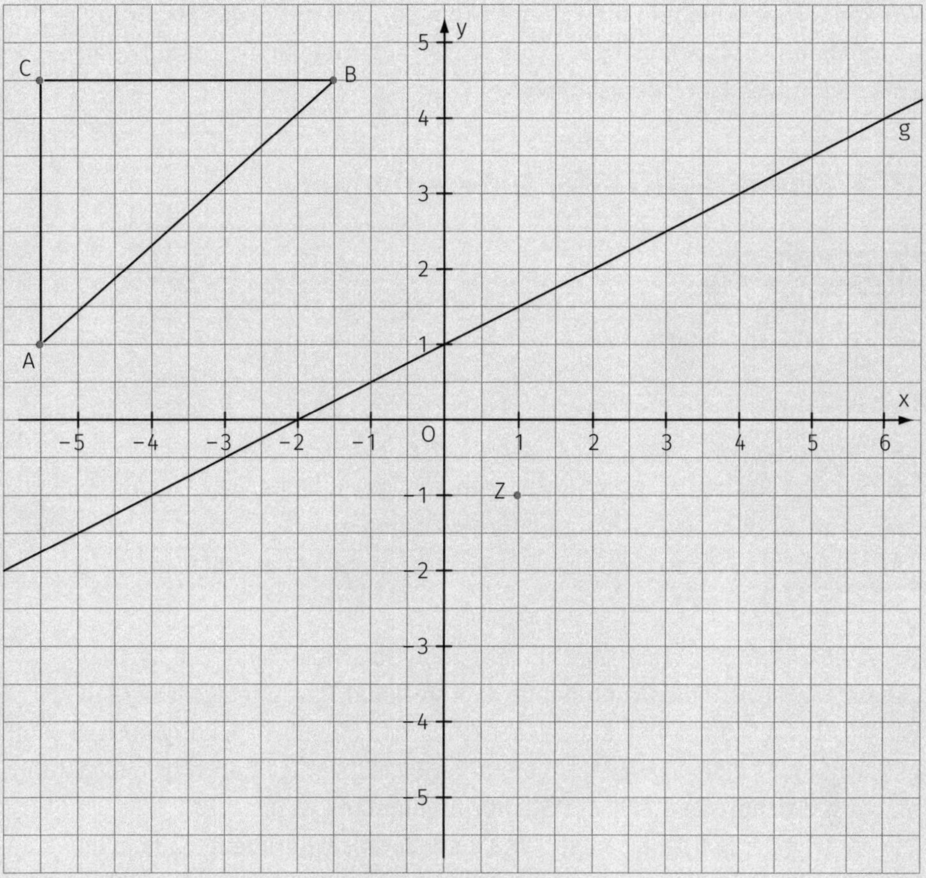

b) Wie wird Umlaufsinn des Dreiecks durch die Spiegelung beeinflusst? ___/4

ABC → A′B′C′: ______________________________

A′B′C′ → A″B″C″: ______________________________

c) Berechne Umfang und Flächeninhalt der Dreiecke. ___/6

Dreieck	ABC	A′B′C′	A″B″C″
Umfang			
Flächeninhalt			

Was fällt auf? ______________________________

Gesamtpunktzahl ___/28

10 Daten erheben und auswerten

Wir können zwar nicht in die Zukunft schauen, aber mit etwas Erfahrung und ausreichend aussagekräftigen Daten lassen sich viele in die Zukunft weisende Entscheidungen besser einschätzen.

10.1 Grundbegriffe der Datenerhebung

Regeln & Formeln

Folgende Begriffe sind wichtig:

- **Zufallsexperiment** – wiederholbarer Vorgang (Befragung, Versuch) bei dem genau eines von mehreren möglichen Ergebnissen auftreten kann
- **zufälliges Ergebnis/Ereignis** – Ausgang, Ergebnis eines Zufallsexperiments
- **Grundmenge** – Menge aller untersuchbaren Personen, Sachen, Vorgänge ...
- **Stichprobe** – Durchführung einer Untersuchung (Teilmenge der Grundmenge)
- **Stichprobenumfang** – Anzahl der Beobachtungen
- **Merkmal** – Eigenschaft, nach der die Stichprobe untersucht wird

Beispiel 1: Befragt werden die Schülerinnen und Schüler einer Schule. Deren Gesamtanzahl wäre die **Grundmenge**. Das **Merkmal**, das untersucht werden soll, ist, wie oft ein Schüler eine Klasse wiederholt hat. Die möglichen **Ergebnisse** sind: gar nicht (null), einmal, zweimal, mehr als zweimal. Befragt man 100 Schüler, führt man eine **Stichprobe** durch, der **Stichprobenumfang** ist dann 100.
Der Vorgang der Befragung entspricht einem **Zufallsexperiment**, da man im Voraus nicht wissen kann, welche Antwort der Befragte geben wird; der Befragte kann nur eine von den vier möglichen Antworten geben (**zufälliges Ergebnis**).

1 Handelt es sich hier um ein Z zufällige oder S sichere Ergebnisse?

a) ☐ die Anzahl der Tage von Ostern bis Pfingsten

b) ☐ die Augenzahl beim Werfen eines Würfels

c) ☐ die gefahrenen Kilometer eines Taxifahrers am Sonntag

d) ☐ der Sonnenuntergang am 30. Mai 2008 in Berlin

e) ☐ deine nächste Klassenarbeitsnote in Mathematik

f) ☐ das Geschlecht bei der Geburt eines Kindes

g) ☐ die Anzahl der Sekunden in der Minute

2 Gib bei der Beschreibung der Untersuchung Merkmal, Ergebnisse und Stichprobenumfang an.

a) In der fünften Jahrgangsstufen wird untersucht, wie viele Schultaschen mehr als 10 kg wiegen. Es werden alle 27 Schülerinnen und Schüler der 5 b und alle 30 der 5 c befragt.

b) Man untersucht, wie viele Fernsehgeräte vierköpfige Familien haben.

c) Um festzustellen, ob ein Würfel gefälscht wurde, wird mit ihm 200-mal gewürfelt.

d) Der Bahnhof in Reutlingen hat drei Bahnsteige. Täglich kommen 35 Züge an. Man untersucht die Auslastung der Bahnsteige, indem man alle dort ankommende Züge eines Tages notiert.

	Merkmal	Stichprobenumfang	mögliche Ergebnisse
a)			
b)			
c)			
d)			

3 Gib bei den folgenden Merkmalen die möglichen Ergebnisse so an, dass bei jeder Beobachtung ganz genau ein Ergebnis eintritt (Intervalle wie zum Beispiel: weniger als 1 Stunde, zwischen 1 und 2 Stunden, ...) sind erlaubt:

Grundmenge	**Münzen**	**Schüler/innen im Gymnasium**	**Schüler/innen in Adorf**	**Tennisspiele**
Merkmal	Lage nach dem Werfen	mit welchen Verkehrsmittel kommen sie zur Schule?	durchschnittlicher Zeitaufwand für die tägliche Hausaufgabe	Anzahl der Sätze bei drei Gewinnsätzen
Ergebnisse				

Regeln & Formeln

- Notiert man die Ergebnisse eines Zufallsexperiments in der beobachteten Reihenfolge, erhält man eine **Urliste**. Ordnet man diese nach der Größe, erhält man eine **geordnete Urliste** (Rangliste)
- In einer **Strichliste** wird, **nach Ergebnissen geordnet**, über Striche dargestellt, wie oft diese Ergebnisse auftraten.
- Als Zahl geschrieben erhält man aus der Strichliste die **absolute Häufigkeit**. Sie gibt an, wie oft jeder Listenwert (jedes Ergebis) vorkommt.
- Teilt man die absolute Häufigkeit durch den Stichprobenumfang, erhält man die **relative Häufigkeit** des Ereignisses. Sie wird oft in Prozent angegeben.

Beispiel 2: Annika kommt auf ihrem Schulweg an fünf Ampeln vorbei. Sie notiert die Anzahl der roten Ampeln an 15 Tagen.
Merkmal: Anzahl der roten Ampeln; Ergebnisse: 0, 1, 2, 3, 4, 5;
Stichprobenumfang: 15
Urliste: 5, 3, 3, 3, 2, 0, 1, 5, 3, 3, 2, 4, 4, 3, 3,
Strichliste und Häufigkeitstabelle:

Ergebnis	0	1	2	3	4	5
Anzahl	I	I	II	~~IIII~~ I	II	II
absolute Häufigkeit	1	1	2	6	2	2
relative Häufigkeit	$\frac{1}{15}$	$\frac{1}{15}$	$\frac{2}{15}$	$\frac{6}{15}$	$\frac{2}{15}$	$\frac{2}{15}$

4 Erstelle aus der Urliste eine Strichliste und Häufigkeitstabelle.

a) Alis Noten in den Hauptfächern: 1, 2, 2, 1, 4, 5, 1, 2, 3, 3, 3, 4, 1, 5, 5, 1, 2, 3, 2, 3

Ergebnis	1	2	3	4	5	6
Anzahl						
absolute Häufigkeit						
relative Häufigkeit						

b) Preis einer Brezel bei den Bäckern der Stadt (in Cent): 55, 56, 60, 55, 58, 55, 55, 58, 59, 60, 60, 60, 58, 55, 55, 60, 60, 58, 59, 60

Ergebnis						
Anzahl						
absolute Häufigkeit						
relative Häufigkeit						

10.2 Grafische Darstellung von Häufigkeiten

Regeln & Formeln

Als Beispiel dient eine Untersuchung, bei der sechs Personen befragt wurden, dabei trat das Merkmal a zweimal, b dreimal und c einmal auf. Die absoluten Häufigkeiten sind hier unterschiedlich dargestellt:

	Beschreibung	Beispiel	Vorteil/Nachteil
Tabelle	• sinnvolle Auflistung (zum Beispiel der Größe nach) • Ereignisse und die dazugehörige Häufigkeiten werden aufgelistet	**Ergebnis**: a, b, c **absolute Häufigkeit**: 2, 3, 1	• nach Abzählen der Strichliste kein weiterer Schritt notwendig • nicht sehr übersichtlich • Größenverhältnisse nicht auf einen Blick erkennbar
Piktogramm	• Die Größen, hier die absoluten Häufigkeiten, werden durch Bildsymbole dargestellt. • Man wählt dem Problem nahe Symbole, die auch nur anteilig gezeichnet werden können	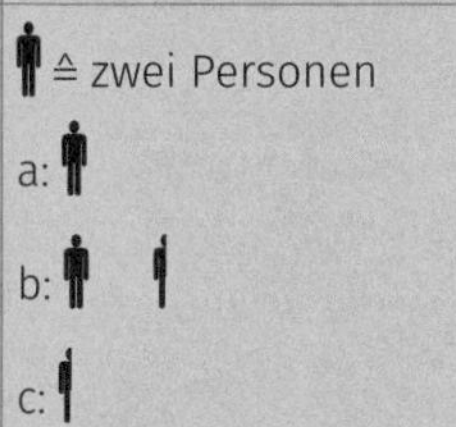	• anschaulich • auf einen Blick erkennbar • meist relativ ungenau, da feine Unterschiede nicht sichtbar werden
Kreisdiagramm	• Stichprobenumfang entspricht dem Vollkreis • Kreissektoren entsprechen im Verhältnis den Ergebnissen	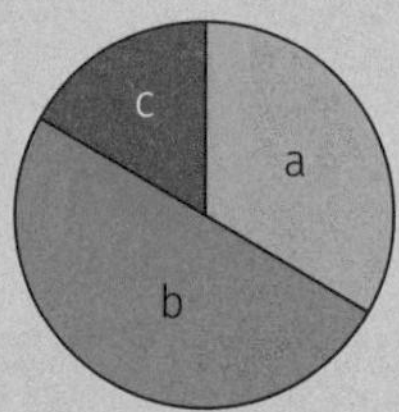	• Aufteilung und Größenvergleich auf einen Blick sichtbar. • sehr übersichtlich • nur bei wenigen verschiedenen Ergebnissen sinnvoll, sonst wird das Kreisdiagramm unübersichtlich
Säulendiagramm	• Die vorkommende Ergebnisse werden auf der x-Achse aufgelistet. • Die Höhe der Säulen entspricht den Häufigkeiten.	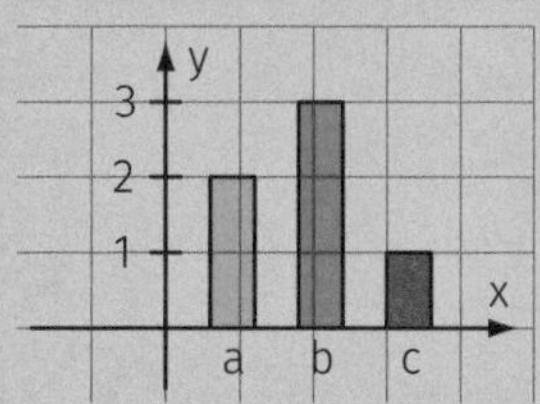	• sehr übersichtlich • Vergleich und Größenverhältnisse sind gut sichtbar • etwas größerer Arbeitsaufwand als bei der Tabelle • keine großen Nachteile

Erstellung eines Kreisdiagramms:

Der Vollwinkel von 360° entspricht allen Beobachtungen (hier: 360° ≙ 6 Personen); die Kreissegmente entsprechen den (relativen) Anteilen, also hier:

$a \mathrel{\hat{=}} \frac{2}{6}$ von $360° = \frac{2}{6} \cdot 360° = 120°$; $b = \frac{3}{6} \cdot 360° = 180°$; $c = \frac{1}{6} \cdot 360° = 60°$

5 Bei einer Verkehrsbefragung erhält man folgende Strichliste:

Fahrten zu oder von der Arbeitsstätte (z)	beruflich bedingte Fahrt (a)	private Fahrten (p)	Sonstiges (s)
卌 卌 卌 卌 III	卌 卌 卌 卌 卌 卌 I	卌 II	卌

Zeichne dazu ein Kreis- und ein Säulendiagramm.

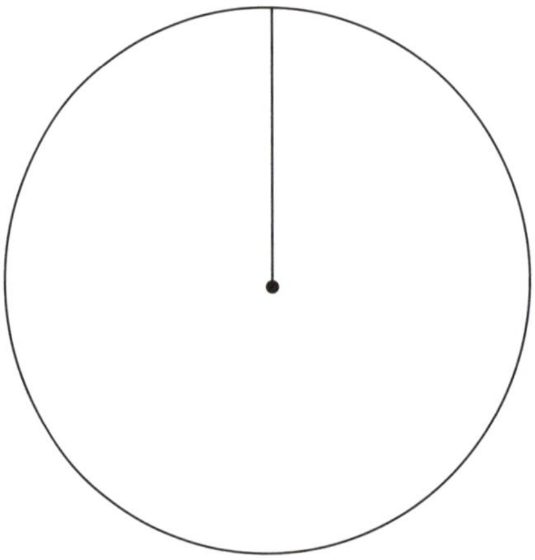

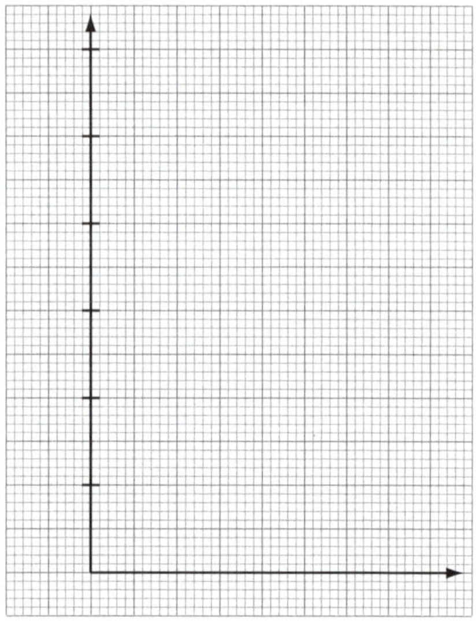

Tipp: Berechne die Winkel mit dem Taschenrechner und runde die Werte.

Platz für Nebenrechnungen:

10.3 Arithmetisches Mittel, Median und Modalwert

Regeln & Formeln

Statistische Kenngrößen

- **Das arithmetische Mittel ∅** (Mittelwert, Durchschnitt) wird berechnet, indem man alle Werte der Ergebnisse addiert und durch den Stichprobenumfang dividiert. Dabei müssen die Ergebnisse Zahlenwerte sein. Etwas schneller geht die Berechnung meist über die Summen der Produkte aus absoluter Häufigkeit mal Ergebnis (siehe Beispiel).
- Der **Median** (Zentralwert): Bei einer geordneten Urliste (Rangliste) heißt bei ungeradem Stichprobenumfang der in der Mitte liegende Wert Median. Bei geradem Stichprobenumfang liegt der Median in der Mitte der beiden mittleren Ergebnisse a und b. Der Median ist dann: $\frac{1}{2} \cdot (a + b)$.
- Der **Modalwert** ist der am häufigsten vorkommende Wert, also der Wert, bei dem die absolute Häufigkeit ihren größten Wert annimmt. Nehmen mehrere Ergebnisse diesen größten Wert an, gibt es mehrere Modalwerte.

Beispiel 3: Urliste der Ergebnisse beim 10-maligen Würfeln: 1, 4, 4, 3, 6, 2, 1, 2, 4, 3; Stichprobenumfang: 10

arithmetisches Mittel: $\emptyset = (1 + 4 + 4 + 3 + 6 + 2 + 1 + 2 + 4 + 3) : 10 = 30 : 10 = \mathbf{3}$

Ergebnis	1	2	3	4	5	6
absolute Häufigkeit	2	2	2	3	0	1

oder: $\emptyset = (1 \cdot 2 + 2 \cdot 2 + 3 \cdot 2 + 4 \cdot 3 + 6 \cdot 1) : 10 = 30 : 10 = \mathbf{3}$

Median: geordnete Urliste: 1, 1, 2, 2, 3, | 3, 4, 4, 4, 6; $\frac{1}{2} \cdot (3 + 3) = \mathbf{3}$

Modalwert: Der am häufigsten (3-mal) vorkommende Wert ist die **4**.

6 An zwölf aufeinanderfolgenden Tagen wird an zwei Orten die Tagestiefsttemperatur gemessen:

A-Dorf: −5 °C; −6 °C; −4 °C; 0 °C; −3 °C; 0 °C; 0 °C; −1 °C; 3 °C; 7 °C; 5 °C; 5 °C

B-Stadt: −3 °C; −3 °C; −1 °C; 2 °C; 0 °C; 1 °C; 0 °C; 2 °C; 5 °C; 9 °C; 7 °C; 6 °C

Erstelle eine geordnete Urliste und fülle dann die Tabelle aus.

A-Dorf: ______________________________

B-Stadt: ______________________________

	arithmetisches Mittel	Median	Modalwert
A-Dorf			
B-Stadt			

89 Von den 220 Mitgliedern eines Reitvereins wurden 68 befragt. Wie groß sind Grundmenge und Stichprobenumfang bei dieser Datenerhebung?

____

90 Welches sind die Vor- und Nachteile wenn man den Stichprobenumfang erhöht? ______________________________

91 Wie viele und welche Ergebnisse können beim Würfeln auftreten?

____

92 Wodurch unterscheidet sich eine Urliste von einer geordneten Urliste?

____

93 Was besagt die absolute Häufigkeit eines Ergebnisses?

____

94 Wie berechnet man die relative Häufigkeit eines Ergebnisses?

____

95 Gib vier Möglichkeiten an, wie absolute Häufigkeiten grafisch dargestellt werden können. ______________________________

96 Was versteht man unter dem arithmetischen Mittel? Wie wird es berechnet?

____

____

97 Was ist ein Median?

____

98 Was ist ein Modalwert?

____

99 Warum kann *eine* statistische Untersuchung mehrere Modalwerte haben?

____

1 Bei einer Umfrage, wie viele Fernsehgeräte pro Haushalt vorhanden sind, ergab sich in der Maierstraße folgende Urliste: __/7

0; 1; 1; 3; 1; 1; 4; 2; 2; 3; 1; 3; 0; 0; 3; 2; 4; 1; 2; 0.

a) Wie hoch war der Stichprobenumfang? ______________________

b) Welches Merkmal wurde untersucht? ______________________

c) Welche Ergebnisse traten bei der Untersuchung auf? ______________________

____

d) Erstelle eine Tabelle der absoluten Häufigkeiten.

e) Gib den Mittelwert an. ______________________

f) Berechne den Zentralwert. ______________________

g) Gib den Modalwert an. ______________________

2 Vervollständige die Darstellungen in der Tabelle. __/6

a) Ergebnisse beim Fußballspiel nach 30 Spielen: Sieg (s); Unentschieden (u), Verlieren (v)

b) Anzahl der Augenzahlen beim 40-maligem Werfen eines Würfels

	Tabelle	Säulendiagramm	Piktogramm	Kreisdiagramm
a)	s | u | v 20 | 5 | 5	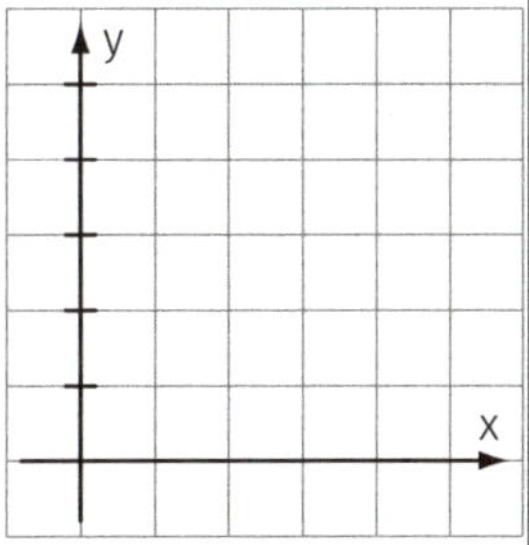		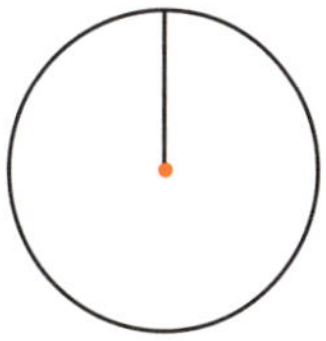
b)	1 | 2 | 3 | 4 | 5 | 6 |	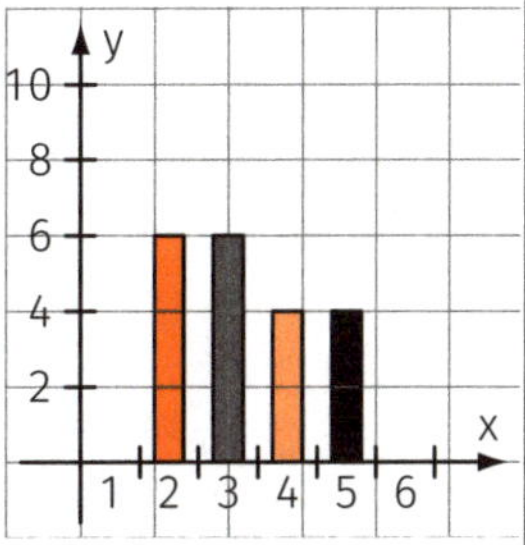		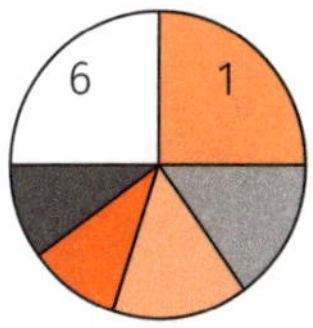

Gesamtpunktzahl ___/13

Allgemeine Hinweise zum Abschlusstest

Damit du deine Gesamtpunktzahl einfach errechnen kannst, gibt es für jede Teilaufgabe bei Lückenaufgaben in der Regel einen Punkt, bei schwierigeren Aufgaben zwei Punkte.
Leider ist es nicht möglich, einen allgemeingültigen Notenschlüssel vorzugeben. Er wechselt von Schule zu Schule, von Bundesland zu Bundesland. Damit du deine Leistung einschätzen kannst, gibt es folgende Orientierungspunkte:
- Wenn du mehr als 80 Prozent der Gesamtpunktzahl erreicht hast, ist dein Ergebnis gut oder besser.
- Wenn du mehr als 50 Prozent der Gesamtpunktzahl erreicht hast, ist dein Ergebnis ausreichend oder befriedigend.
- Wenn du weniger als 50 Prozent der Gesamtpunktzahl erreicht hast, ist dein Ergebnis nicht mehr ausreichend. Du solltest dann die Regeln und Aufgaben, bei denen du viele Fehler gemacht hast, noch einmal genau nachlesen und üben.

100 bis 80 Prozent	79 bis 50 Prozent	unter 50 Prozent
sehr gut bis gut	befriedigend bis ausreichend	nicht mehr ausreichend

Kapitel 1: Bruchrechnung

Seite 6 1 a) $\frac{3}{7}$ b) $\frac{5}{8}$ c) $\frac{8}{24}$ d) $\frac{6}{16}$

Seite 7 2 Es gibt mehrere Lösungsmöglichkeiten.

a) 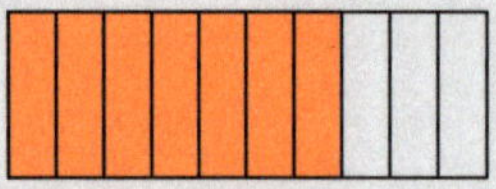 b) 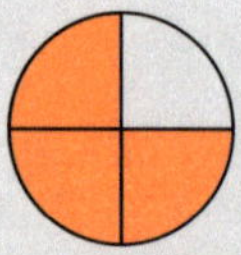 c) 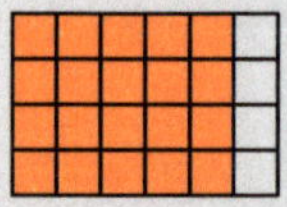 d) 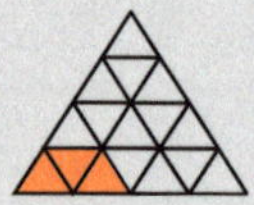

3 Anteil der Mädchen $= \frac{20}{32}$; Anteil der Jungen $= \frac{12}{32}$.

4 a) $\frac{2}{5}$ von 150 Bäumen $= 2 \cdot (150$ Bäume $: 5) = 2 \cdot 30$ Bäume $= 60$ Bäume

b) $\frac{4}{7}$ von 56 Kindern $= 4 \cdot (56$ Kinder $: 7) = 4 \cdot 8$ Kinder $= 32$ Kinder

c) $\frac{3}{4}$ von 80 € $= 3 \cdot (80\,€ : 4) = 3 \cdot 20\,€ = 60\,€$

d) $\frac{3}{8}$ von 64 Autos $= 3 \cdot (64$ Autos $: 8) = 3 \cdot 8$ Autos $= 24$ Autos

5 a) $\frac{5}{8}\,t = \frac{5}{8}$ von $1000\,kg = 625\,kg$ b) $\frac{3}{5}\,kg = \frac{3}{5}$ von $1000\,g = 600\,g$

c) $\frac{2}{3}\,h = \frac{2}{3}$ von $60\,min = 40\,min$ d) $\frac{1}{8}\,km = \frac{1}{8}$ von $1000\,m = 125\,m$

e) $\frac{1}{4}\,min = \frac{1}{4}$ von $60\,s = 15\,s$ f) $\frac{1}{5}\,m = \frac{1}{5}$ von $10\,dm = 2\,dm$

g) $\frac{2}{5}\,m^2 = \frac{2}{5}$ von $100\,dm^2 = 40\,dm^2$ h) $\frac{3}{8}\,\ell = \frac{3}{8}$ von $1000\,ml = 375\,ml$

i) $\frac{3}{4}$ Jahr $= \frac{3}{4}$ von 12 Monaten $= 9$ Monate j) $\frac{1}{2}\,cm^3 = \frac{1}{2}$ von $1000\,mm^3 = 500\,mm^3$

Seite 9 6 a) $\frac{8}{3} = 2\frac{2}{3}$ b) $\frac{3}{2} = 1\frac{1}{2}$ c) $\frac{12}{5} = 2\frac{2}{5}$ d) $\frac{19}{8} = 2\frac{3}{8}$

7 a) $1\frac{1}{4} = \frac{5}{4}$ b) $2\frac{1}{2} = \frac{5}{2}$ c) $5\frac{3}{8} = \frac{43}{8}$ d) $12\frac{2}{5} = \frac{62}{5}$

8 a) $3\frac{1}{2}\,t = 3\,t + \frac{1}{2}\,t = 3500\,kg$ b) $5\frac{3}{4}\,\ell = 5\,\ell + \frac{3}{4}\,\ell = 5750\,ml$

c) $2\frac{3}{4}\,h = 2\,h + \frac{3}{4}\,h = 165\,min$ d) $4\frac{2}{5}\,km = 4\,km + \frac{2}{5}\,km = 4400\,m$

Seite 10 9 a) $\frac{2}{3}$ mit 4; $\frac{2}{3} = \frac{2 \cdot 4}{3 \cdot 4} = \frac{8}{12}$ b) $\frac{3}{5}$ mit 7; $\frac{3}{5} = \frac{3 \cdot 7}{5 \cdot 7} = \frac{21}{35}$ c) $\frac{6}{7}$ mit 2; $\frac{6}{7} = \frac{6 \cdot 2}{7 \cdot 2} = \frac{12}{14}$

10 a) Es wurde mit 5 erweitert: $\frac{3}{5} = \frac{15}{25}$ b) Es wurde mit 6 erweitert: $\frac{3}{4} = \frac{18}{24}$

c) Es wurde mit 7 erweitert: $\frac{4}{7} = \frac{28}{49}$ d) Es wurde mit 5 erweitert: $\frac{7}{12} = \frac{35}{60}$

11 a) $\frac{3}{5}=\frac{6}{10}$ b) $\frac{3}{4}=\frac{21}{28}$ c) $\frac{2}{3}=\frac{8}{12}$
d) $\frac{7}{5}=\frac{28}{20}$ e) $\frac{17}{25}=\frac{68}{100}$ f) $\frac{13}{15}=\frac{52}{60}$

12 a) $\frac{2}{4}=\frac{1}{2}$ b) $\frac{6}{9}=\frac{2}{3}$ c) $\frac{15}{18}=\frac{5}{6}$
d) $\frac{15}{10}=\frac{3}{2}$ e) $\frac{24}{32}=\frac{3}{4}$ f) $\frac{16}{48}=\frac{1}{3}$

13 a) HN = 4 b) HN = 15 c) HN = 40 d) HN = 18 **Seite 11**

14 a) Es ist: $\frac{3}{5}=\frac{9}{15}$ und $\frac{2}{3}=\frac{10}{15}$. Damit folgt: $\frac{3}{5}<\frac{2}{3}$
b) Es ist: $\frac{5}{6}=\frac{15}{18}$ und $\frac{7}{9}=\frac{14}{18}$. Damit folgt: $\frac{5}{6}>\frac{7}{9}$
c) Es ist: $\frac{1}{3}=\frac{16}{48}$ und $\frac{5}{16}=\frac{15}{48}$. Damit folgt: $\frac{1}{3}>\frac{5}{16}$
d) Es ist: $\frac{11}{18}=\frac{22}{36}$ und $\frac{7}{12}=\frac{21}{36}$. Damit folgt: $\frac{11}{18}>\frac{7}{12}$

15 a) $\frac{2}{7}+\frac{4}{7}=\frac{6}{7}$ b) $\frac{7}{9}+\frac{2}{9}=\frac{9}{9}=1$ c) $\frac{5}{12}-\frac{1}{12}=\frac{4}{12}=\frac{1}{3}$ **Seite 12**
d) $\frac{19}{8}-\frac{3}{8}=\frac{16}{8}=2$ e) $1\frac{1}{5}+2\frac{2}{5}=3\frac{3}{5}$ f) $3\frac{3}{4}+2\frac{1}{4}=5\frac{4}{4}=6$

16 a) $\frac{7}{8}+\frac{3}{4}=\frac{7}{8}+\frac{6}{8}=\frac{13}{8}$ b) $\frac{7}{15}+\frac{7}{10}=\frac{14}{30}+\frac{21}{30}=\frac{35}{30}=\frac{7}{6}$
c) $\frac{2}{9}-\frac{1}{6}=\frac{4}{18}-\frac{3}{18}=\frac{1}{18}$ d) $\frac{5}{6}-\frac{3}{8}=\frac{20}{24}-\frac{9}{24}=\frac{11}{24}$

17 a) $\frac{1}{9}+\frac{1}{3}+\frac{2}{9}=\frac{1}{9}+\frac{3}{9}+\frac{2}{9}=\frac{6}{9}=\frac{2}{3}$ b) $\frac{2}{5}+\frac{3}{10}+\frac{7}{10}=\frac{4}{10}+\frac{3}{10}+\frac{7}{10}=\frac{14}{10}=\frac{7}{5}$
c) $\frac{1}{4}+\frac{2}{5}+\frac{3}{8}=\frac{10}{40}+\frac{16}{40}+\frac{15}{40}=\frac{41}{40}$ d) $\frac{3}{7}+\frac{5}{14}+\frac{2}{21}=\frac{18}{42}+\frac{15}{42}+\frac{4}{42}=\frac{37}{42}$

18 Der Anteil der schadhaften Äpfel ist: $\frac{1}{8}+\frac{3}{16}+\frac{1}{18}=\frac{18}{144}+\frac{27}{144}+\frac{8}{144}=\frac{53}{144}$. Die Hälfte wären $\frac{72}{144}$.
Der Verkäufer jammert zu Unrecht: Er kann genau die Hälfte der Äpfel verkaufen.

19 a) $\frac{3}{5}\cdot\frac{4}{7}=\frac{12}{35}$ b) $\frac{2}{9}\cdot\frac{5}{11}=\frac{10}{99}$ c) $\frac{4}{3}\cdot\frac{8}{5}=\frac{32}{15}$ **Seite 13**
d) $\frac{1}{2}\cdot\frac{4}{13}=\frac{4}{26}=\frac{2}{13}$ e) $\frac{7}{8}\cdot 5=\frac{35}{8}$ f) $6\frac{3}{4}\cdot\frac{7}{10}=\frac{27}{4}\cdot\frac{7}{10}=\frac{189}{40}$

20 a) $\frac{4}{9}\cdot\frac{5}{8}=\frac{1}{9}\cdot\frac{5}{2}=\frac{5}{18}$ b) $\frac{18}{25}\cdot\frac{15}{9}=\frac{2}{5}\cdot\frac{3}{1}=\frac{6}{5}$ c) $3\cdot\frac{5}{21}=1\cdot\frac{5}{7}=\frac{5}{7}$
d) $\frac{3}{16}\cdot 12=\frac{3}{4}\cdot 3=\frac{9}{4}$ e) $3\frac{1}{2}\cdot\frac{8}{9}=\frac{7}{2}\cdot\frac{8}{9}=\frac{7}{1}\cdot\frac{4}{9}=\frac{28}{9}$ f) $\frac{29}{18}\cdot\frac{81}{58}=\frac{1}{2}\cdot\frac{9}{2}=\frac{9}{4}$

21 a) $2560\,\text{kt}\cdot\frac{1}{5}\frac{\text{g}}{\text{Kt}}=512\,\text{g}$ b) $7250\,\text{kt}\cdot\frac{1}{5}\frac{\text{g}}{\text{Kt}}=1450\,\text{g}$

22 a) $\frac{2}{3}:\frac{5}{8}=\frac{2}{3}\cdot\frac{8}{5}=\frac{16}{15}$ b) $\frac{11}{12}:\frac{1}{2}=\frac{11}{12}\cdot\frac{2}{1}=\frac{11}{6}\cdot\frac{1}{1}=\frac{11}{6}$ **Seite 14**
c) $6:\frac{7}{9}=6\cdot\frac{9}{7}=\frac{54}{7}$ d) $\frac{3}{4}:8=\frac{3}{32}$
e) $5\frac{1}{2}:\frac{2}{3}=\frac{11}{2}\cdot\frac{3}{2}=\frac{33}{4}$ f) $2\frac{2}{5}:5\frac{1}{5}=\frac{12}{5}:\frac{26}{5}=\frac{12}{5}\cdot\frac{5}{26}=\frac{6}{1}\cdot\frac{1}{13}=\frac{6}{13}$

23 a) $\frac{3}{5}:6=\frac{3}{5}\cdot\frac{1}{6}=\frac{1}{10}$ b) $8:\frac{4}{9}=8\cdot\frac{9}{4}=18$
c) $\frac{2}{3}:\frac{8}{15}=\frac{2}{3}\cdot\frac{15}{8}=\frac{5}{4}$ d) $5\frac{1}{2}:4\frac{3}{4}=\frac{11}{2}:\frac{19}{4}=\frac{11}{2}\cdot\frac{4}{19}=\frac{22}{19}$

Training plus

Seite 15

1 Zum Erweitern muss man Zähler und Nenner mit derselben natürlichen Zahl multiplizieren. Man kürzt, indem man Zähler und Nenner durch dieselbe natürliche Zahl dividiert.
2 Derjenige Bruch, der den größeren Zähler hat.
3 Der Hauptnenner ist das kleinste gemeinsame Vielfache der Nenner.
4 Zwei gleichnamige Brüche addiert bzw. subtrahiert man, indem man die Zähler addiert bzw. subtrahiert und den Nenner beibehält.
5 Bei ungleichnamigen Brüchen muss man zuerst auf den Hauptnenner erweitern.
6 Indem man beide Zähler miteinander und beide Nenner miteinander multipliziert.
7 Man dividiert durch einen Bruch, indem man mit dessen Kehrbruch multipliziert.
8 Man fügt der Zahl den Nenner „1“ an.

9 Man muss die gemischte Zahl zuerst in einen unechten Bruch umwandeln.
10 Indem man den Zähler mit dem Kehrbruch des Nenners multipliziert.

Seite 16

Abschlusstest

1 a) $\frac{5}{7}$ von 287 Schülern sind $5 \cdot (287$ Schüler $: 7) = 5 \cdot 41$ Schüler $= 205$ Schüler.
b) $\frac{4}{15}$ von 1755 ha sind $4 \cdot (1755\,\text{ha} : 15) = 4 \cdot 117\,\text{ha} = 468\,\text{ha} = 4\,680\,000\,\text{m}^2$.

2 a) $\frac{2}{3}$ von 63 kg sind $2 \cdot (63\,\text{kg} : 3) = 2 \cdot 21\,\text{kg} = 42\,\text{kg}$.
Der Körper des Jugendlichen enthält 42 Liter Wasser.
b) 1 ℓ sind 1000 ml. $\frac{3}{4}$ von 1000 ml sind $3 \cdot (1000\,\text{ml} : 4) = 3 \cdot 250\,\text{ml} = 750\,\text{ml}$.
Man muss also 750 ml mit dem Messbecher abmessen.

3 a) $\frac{3}{4}\text{cm}^2 = 75\,\text{mm}^2$ b) $\frac{2}{5}\ell = 400\,\text{ml}$ c) $\frac{5}{6}\text{h} = 50\,\text{min}$ d) $\frac{5}{8}\text{m}^3 = 625\,\text{dm}^3$

4 a) $\frac{11}{2} = 5\frac{1}{2}$ b) $\frac{17}{8} = 2\frac{1}{8}$ c) $\frac{18}{7} = 2\frac{4}{7}$ d) $\frac{35}{9} = 3\frac{8}{9}$

5 a) $3\frac{1}{4} = \frac{13}{4}$ b) $7\frac{3}{8} = \frac{59}{8}$ c) $5\frac{2}{7} = \frac{37}{7}$ d) $17\frac{2}{3} = \frac{53}{3}$

6 a) $\frac{1}{8}; \frac{2}{9}; \frac{2}{3}$, HN = 72; $\frac{1}{8} = \frac{9}{72}; \frac{2}{9} = \frac{16}{72}; \frac{2}{3} = \frac{48}{72}$. Damit ist $\frac{2}{3} > \frac{2}{9} > \frac{1}{8}$.
b) $\frac{2}{5}; \frac{3}{4}; \frac{5}{6}$, HN = 60; $\frac{2}{5} = \frac{24}{60}; \frac{3}{4} = \frac{45}{60}; \frac{5}{6} = \frac{50}{60}$. Damit ist $\frac{5}{6} > \frac{3}{4} > \frac{2}{5}$.
c) $\frac{5}{8}; \frac{13}{24}; \frac{7}{12}$, HN = 24; $\frac{5}{8} = \frac{15}{24}; \frac{7}{12} = \frac{14}{24}$. Damit ist $\frac{5}{8} > \frac{7}{12} > \frac{13}{24}$.
d) $\frac{11}{4}; \frac{19}{8}; \frac{12}{5}$, HN = 40; $\frac{11}{4} = \frac{110}{40}; \frac{19}{8} = \frac{95}{40}; \frac{12}{5} = \frac{96}{40}$. Damit ist $\frac{11}{4} > \frac{12}{5} > \frac{19}{8}$.

7 Klasse 6 a: Insgesamt sind 30 Jugendliche in der Klasse 6 a.
Anteil der Mädchen $= \frac{14}{30} = \frac{7}{15}$.
Klasse 6 b: Insgesamt sind 27 Jugendliche in der Klasse 6 b. Anteil der Mädchen $= \frac{12}{27} = \frac{4}{9}$.
Es ist: $\frac{7}{15} = \frac{21}{45}$ und $\frac{4}{9} = \frac{20}{45}$. Und damit: $\frac{7}{15} > \frac{4}{9}$
Somit ist der Anteil der Mädchen in der Klasse 6 a größer als in der Klasse 6 b.

8 a) $7\frac{5}{12} - \frac{11}{12} = \frac{89}{12} - \frac{11}{12} = \frac{78}{12} = \frac{13}{2}$ b) $6\frac{3}{4} - 1\frac{7}{8} = \frac{27}{4} - \frac{15}{8} = \frac{54}{8} - \frac{15}{8} = \frac{39}{8}$
c) $\frac{31}{25} - \frac{11}{20} = \frac{124}{100} - \frac{55}{100} = \frac{69}{100}$ d) $\frac{3}{8} + \frac{5}{16} + \frac{7}{24} = \frac{18}{48} + \frac{15}{48} + \frac{14}{48} = \frac{47}{48}$

9 a) $\frac{7}{8} \cdot \frac{2}{21} = \frac{1}{4} \cdot \frac{1}{3} = \frac{1}{12}$ b) $\frac{16}{35} \cdot \frac{21}{20} = \frac{4}{5} \cdot \frac{3}{5} = \frac{12}{25}$
c) $3\frac{1}{2} \cdot \frac{5}{14} = \frac{7}{2} \cdot \frac{5}{14} = \frac{1}{2} \cdot \frac{5}{2} = \frac{5}{4}$ d) $9\frac{1}{3} : \frac{16}{15} = \frac{28}{3} \cdot \frac{15}{16} = \frac{7}{1} \cdot \frac{5}{4} = \frac{35}{4}$

10 Herbert bekommt $\frac{1}{5}$ von 2850 €. Das sind 570 €. Davon gibt er $\frac{2}{5}$ seiner Frau.
Das sind $\frac{2}{5}$ von 570 € = 228 €. Der Rechenausdruck lautet: $\frac{2}{5} \cdot \frac{1}{5} \cdot 2850\,€ = 228\,€$.

11 a) Es ist: $8\frac{3}{4} : \frac{1}{3} = \frac{35}{4} \cdot \frac{3}{1} = \frac{105}{4} = 26\frac{1}{4}$. Somit benötigt Karin 26 Gläser.
b) Aus a) weiß man, dass $\frac{1}{4}$ Glas übrig bleibt, d. h.: $\frac{1}{4} \cdot \frac{1}{3}\text{kg} = \frac{1}{12}\text{kg}$.

12 a) Zunächst trinkt Kai-Uwe $\frac{1}{4}$ von einem halben Liter; das sind $\frac{1}{8}\ell$. Dann sind noch $\left(\frac{3}{8}\ell = \frac{1}{2} - \frac{1}{8}\right)$ in seinem Glas. Davon trinkt er $\frac{1}{3}$; also $\frac{1}{3}$ von $\frac{3}{8}\ell = \frac{1}{8}\ell$. Und schließlich trinkt er noch $\frac{1}{5}$ von $\frac{1}{2}\ell$ (= ursprüngliche Menge). Das sind $\frac{1}{10}\ell$.
Insgesamt hat Kai-Uwe also $\frac{1}{8} + \frac{1}{8} + \frac{1}{10} = \frac{5}{40} + \frac{5}{40} + \frac{4}{40} = \frac{14}{40} = \frac{7}{20}\ell$ getrunken.
b) Der Rest im Glas ist: $\left(\frac{1}{2} - \frac{7}{20}\right)\ell = \left(\frac{10}{20} - \frac{7}{20}\right)\ell = \frac{3}{20}\ell$.

13 Die restliche Menge an Limonade ist: $5 \cdot \frac{1}{2}\ell + 2\ell = \frac{9}{2}\ell$.
Jeder der drei Freunde muss also $\left(\frac{3}{2}\ell = \frac{9}{2}\ell : 3\right)$ bekommen.
Um dies zu erreichen, bekommt ein Freund 3 halb volle Flaschen $\left(3 \cdot \frac{1}{2}\ell = \frac{3}{2}\right)\ell$.
Die beiden anderen erhalten jeweils eine ungeöffnete Flasche und eine halb volle Flasche.
Denn es ist $1\ell + \frac{1}{2}\ell = \frac{3}{2}\ell$.

41 – 33 Punkte	**32 – 20 Punkte**	**unter 20 Punkte**
sehr gut bis gut	befriedigend bis ausreichend	nicht mehr ausreichend

Kapitel 2: Dezimalbrüche

1 a) 4,**23** b) 0,0**4**57 c) 5,20**8**1 d) 7,05**0**19 **Seite 18**

2 a) 0,702 00 = **0,702** b) 3,000 10 = **3,0001**
c) 0,101 010 = **0,101 01** d) 100,000 009 = **100,000 009**

3 a) $0{,}45 = \frac{45}{100} = \mathbf{\frac{9}{20}}$ b) $2{,}125 = \frac{2125}{1000} = \mathbf{\frac{17}{8}}$ **Seite 19**
c) $1{,}005 = \frac{1005}{1000} = \mathbf{\frac{201}{200}}$ d) $2{,}7500 = 2{,}75 = \frac{275}{100} = \mathbf{\frac{11}{4}}$

4 a) $\frac{24}{10} = \mathbf{2{,}4}$ b) $\frac{2008}{1000} = \mathbf{2{,}008}$ c) $\frac{8}{100} = \mathbf{0{,}08}$ d) $\frac{75}{10000} = \mathbf{0{,}0075}$

5 Es gibt zum Teil zwei Lösungswege: $\frac{5}{4} = 5 : 4 = 1{,}25$ oder $\frac{5}{4} = \frac{125}{100} = 1{,}25$
a) $\frac{5}{4} = \mathbf{1{,}25}$ c) $\frac{12}{5} = \mathbf{2{,}4}$ d) $\frac{13}{20} = \mathbf{0{,}65}$ e) $\frac{3}{8} = \mathbf{0{,}375}$
f) $\frac{7}{50} = \mathbf{0{,}14}$ g) $\frac{2}{3} = \mathbf{0{,}\overline{6}}$ h) $\frac{2}{11} = \mathbf{0{,}\overline{18}}$ i) $\frac{20}{9} = \mathbf{2{,}\overline{2}}$

6 a) 3,4**7** **<** 3,4**9** b) 12,50**7**1 **>** 12,50**6**9 c) 0,**0**75 **<** 0,**5**7 **Seite 20**

7 a) 0,103 < 0,13 < 0,301 < 0,31 < 1,03 < 1,3 b) 0,83 < 3,08 < 3,8 < 8,3 < 80,3 < 83,0

8 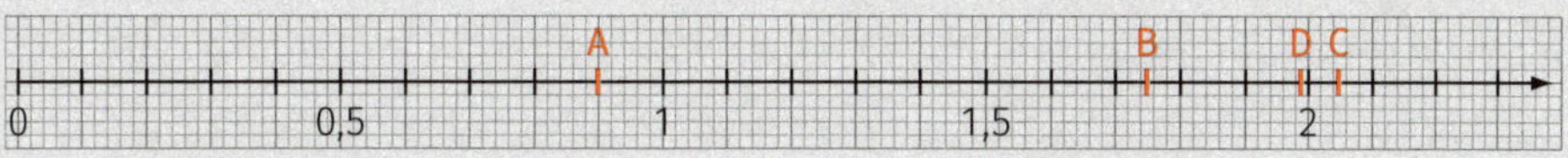

9 A = 1,021; B = 1,027; C = 0,11; D = 0,33
E = 0,992; F = 0,997; G = 2,954; H = 2,959

10 **Seite 21**

Runde	3,4278	0,042 59	12,0994	9,9999
auf eine Dezimale	**3,4**	**0,0**	**12,1**	**10,0**
auf zwei Dezimale	**3,43**	**0,04**	**12,10**	**10,00**
auf drei Dezimale	**3,428**	**0,043**	**12,099**	**10,000**

11 a) 1,60**9** 342 6 km ≈ 1,609 km b) 15**8**,987 249 928 ℓ ≈ 159 ℓ
c) Die gelaufenen Zeiten liegen oft so nah beieinander, dass man die Zeit auf Hundertstelsekunden genau messen muss. Würde man nur auf Zehntelsekunden genau messen, hätte ein Läufer mit beispielsweise 10,45 s die gleiche Zeit wie ein Läufer mit 10,54 s.

Seite 22

12

a)		3,	7	5			b)		1	0,	9	1			c)		7,	0	3	0			d)		1	5,	0	8	2
	+	5,	9	6				−		5,	8	4				+	8,	6	7	9				−	1	3,	4	0	0
		1	1						1		1					1		1								1			
		9,	**7**	**1**						**5,**	**0**	**7**				**1**	**5,**	**7**	**0**	**9**						**1,**	**6**	**8**	**2**
e)			7,	2	0			2	4,	3	8				f)		0,	9	7	0			4,	0	0	0			
	+	1	2,	9	4		−	2	0,	1	4					+	1,	0	0	1		−	1,	9	7	1			
		1	1																				1	1	1				
		2	0,	1	4				**4,**	**2**	**4**						1,	9	7	1			**2,**	**0**	**2**	**9**			

13 a) 5,055 − (1,79 + 2,2) = 5,055 − 3,99 = **1,065**
b) 450 € − (367,06 € + 54,10 €) = 450 € − 421,16 € = **28,84 €**

14 Gesamtkosten: 15,45 € + 39,75 € + 85 € + 26,65 € = **166,85 €**

Seite 23

15 a) 2,7 · 9,25 = 24,975 b) 4,75 · 0,08 = 0,3800 = 0,38 c) 16 · 4,005 = 64,080 = 64,08

16 a) 0,5 · 2 = 1,0 = **1** b) 34,56 · 100 = **3456** c) 1,5 · 2,0 = 3,00 = **3**
d) 0,004 · 0,2 = **0,0008** e) 3,25 · 5,8 = **18,85** f) 28,24 · 0,022 = **0,621 28**

17 a) 14″ = 14 · 2,54 cm = **35,56 cm** b) 17″ = 17 · 2,54 cm = **43,18 cm**

18 Fläche des Zimmers: $A = 4{,}93\,m \cdot 6{,}75\,m = 33{,}2775\,m^2 \approx$ **$33{,}28\,m^2$**

Seite 24

19 a) 1,8 : 6 = **0,3** b) 0,16 : 4 = **0,04** c) 2,8 : 7 = **0,4**
d) 345,67 : 100 = **3,4567** e) 27,3 : 3,5 = 273 : 35 = **7,8** f) 9,3 : 0,05 = 930 : 5 = **186**
g) 7,8 : 2,25 = 780 : 225 = **$3{,}4\overline{6}$** h) 74,12 : 1,7 = 741,2 : 17 = **43,6**

Seite 25

20 Ein Blatt wiegt 2,55 kg : 500 = 0,0051 kg = **5,1 g**.

21 Von 108,5 cm muss zunächst 5-mal die Breite einer Zaunlatte abgezogen werden.
Da es 4 Lattenabstände gibt, muss das Ergebnis durch 4 geteilt werden:
108,5 cm − 5 · 4,8 cm = 108,5 cm − 24 cm = 84,5 cm
Somit ist ein Lattenabstand 84,5 cm : 4 = **21,125 cm**.

22 $85{,}5\,m^2 : 18\,m^2 =$ **4,75**. Somit braucht Karl **5 Eimer** Farbe.

23 441 € : 28 = 15,75 €. Die Klassenfahrt kostet 15,75 € pro Person.

Seite 26

24 a) 4,35 m = **435 cm** b) 0,5 ℓ = **$0{,}0005\,m^3$** c) 2500 kg = **2,5 t**
d) 234 mm = **2,34 dm** e) $45\,dm^2$ = **$0{,}45\,m^2$** f) 90 min = **1,5 h**
g) 5 m 75 cm = **575 cm** h) 270 g = **0,270 kg** i) 0,25 dm = **25 mm**
j) $\frac{3}{4}$ m = **0,75 dm** k) $\frac{1}{2}$ t = **500 kg** l) $\frac{3}{4}$ h = 45 min = **2700 s**

Seite 27 **Training plus**

11 Dezimalzahl oder Kommazahl
12 Dezimalstellen oder Dezimale oder Nachkommastellen
13 Die Ziffern des Zählers sind die Ziffern des Dezimalbruchs. Die Zahl der Nullen des Nenners gibt an, wie viele Dezimalstellen der Dezimalbruch hat.
14 Indem man den Quotient *„Zähler : Nenner“* berechnet.
15 Die Kommas müssen *genau untereinander* stehen.

16 Für das Produkt zweier Dezimalbrüche berechnet man zunächst das Produkt, ohne die Kommas zu berücksichtigen. Anschließend setzt man das Komma so, dass im Ergebnis so viele Dezimalstellen stehen wie in beiden Faktoren zusammen. Für das Produkt mit einer 10er-Zahl braucht das Komma nur um so viele Stellen nach rechts verschieben, wie die 10er-Zahl Nullen hat.

17 Man dividiert durch einen Dezimalbruch, indem man im Dividend (linke Zahl) und im Teiler (rechte Zahl) die Kommas gleichzeitig solange nach rechts verschiebt, bis im Teiler kein Komma mehr da steht. Wenn der Dividend weniger Dezimalen hat als der Teiler, sollte man die fehlenden Dezimalen durch „0“ ergänzen. Bei der anschließenden Division muss man im Ergebnis dann ein Komma setzen, wenn man das Komma im Dividend überschreitet oder wenn ein Rest übrig bleibt.

18 Bei der Umrechnung von Zeiteinheiten muss man zur nächstkleineren bzw. nächstgrößeren Zeiteinheit jeweils mit 60 multiplizieren bzw. durch 60 dividieren.

19 Bei der Umrechnung von km in m muss man in der Maßzahl das Komma um 3 Stellen nach rechts verschieben. Bei der Umrechnung von m in km um 3 Stellen nach links.

Abschlusstest

Seite 28

1 a) $0{,}09 < \frac{2}{3} \approx 0{,}67 < 0{,}79 < \frac{4}{5} = 0{,}8 < 1{,}05 < 1\frac{1}{2} = 1{,}5$

b) $2{,}9 < 3{,}09 < \frac{19}{6} \approx 3{,}17 < \frac{16}{5} = 3{,}2 < 3{,}4$

2 A = 0,61; B = 0,635

3 a) 10 Gallon = 10 · 3,7854 ℓ = 37,854 ℓ ≈ **37,9 ℓ**

b) 0,5 Gallon = 0,5 · 3,7854 ℓ = 1,8927 ℓ ≈ **1,9 ℓ**

c) 3,8 Gallon = 3,8 · 3,7854 ℓ = 14,38452 ℓ ≈ **14,4 ℓ**

4 40 € : 7 ≈ **5,71 €**. Klara kann pro Tag ca. **5,70 €** ausgeben.

5 Beachte, dass alle Gramm-Angaben zuerst in kg umgerechnet werden müssen.
0,250 · 5,60 € + 0,450 · 17,80 € + 0,750 · 12,48 € = 1,40 € + 8,01 € + 9,36 € = **18,77 €**
50 € − 18,77 € = **31,23 €**. Fabians Mutter erhält **31,23 €** Wechselgeld zurück.

6 Der Jahresbedarf eines Einwohners ist 365 · 0,285 kg = 104,025 kg.
Somit verbraucht eine vierköpfige Familie 4 · 104,025 kg = **416,1 kg Mehl**.

Seite 29

7 a)

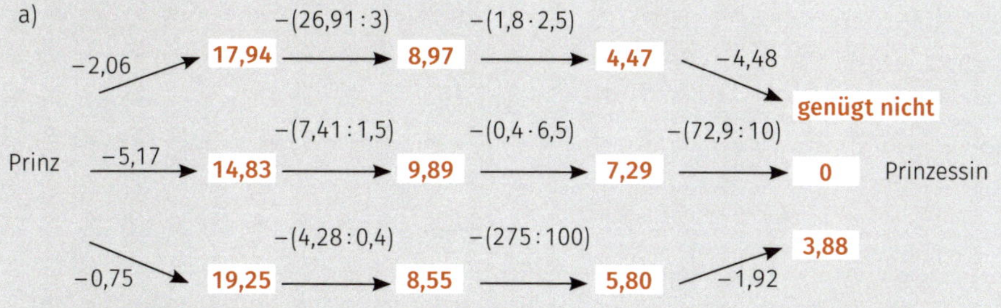

Auf dem oberen Weg kann er die Gebühr des letzten Abschnitts nicht bezahlen. Auf dem mittleren Weg reichen seine 20 Taler gerade noch. Nur auf dem unteren (linken) Weg hat Prinz Baldrian noch **3,88 Taler** übrig, um Rosen zu kaufen.

b) Es ist: 3,88 Taler : 0,85 ≈ 4,56 Rosen. Prinz Baldrian kann der Prinzessin also noch **4 Rosen** mitbringen.

24 – 19 Punkte	18 – 12 Punkte	unter 12 Punkte
sehr gut bis gut	befriedigend bis ausreichend	nicht mehr ausreichend

Kapitel 3: Rationale Zahlen

Seite 30 1

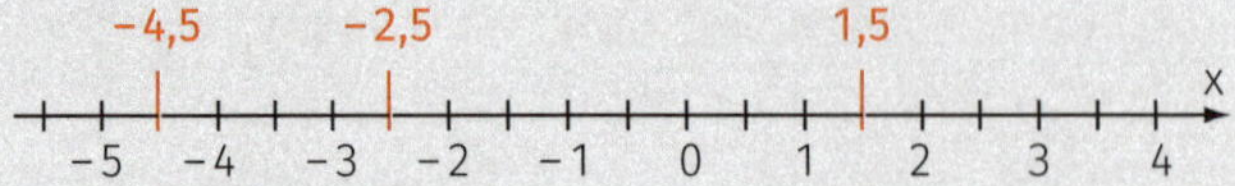

Es gilt: $1,5 > -2,5 > -4,5$.
Die Beträge der drei Zahlen sind: $|1,5| = 1,5$; $|-2,5| = 2,5$; $|-4,5| = 4,5$.
Die Gegenzahlen sind: $-1,5$; $+2,5$; $+4,5$.

2 $A = 3,5$; $B = -0,5$; $C = -3,75$

Seite 31 3 a) ℕ: 0; 5; $7\left(=\frac{7}{1}\right)$; 1,0 (= 1)

ℤ: 0; 1,0 (= 1); 5; $\frac{7}{1}$ (= 7); $-\frac{16}{2}$ (= −8)

ℚ: alle Zahlen

b) ℕ: $+\frac{3}{1}$ (= 3)

ℤ: $-\frac{10}{5}$ (= −2); $+\frac{3}{1}$ (= 3)

ℚ: alle Zahlen

Seite 32 4 a) **−3 + 7 = +4**

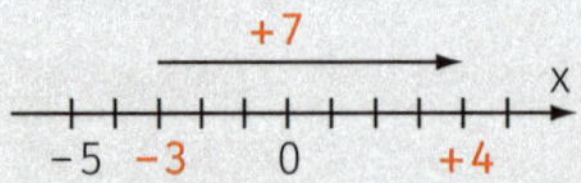

b) **5 − 8 = −3**

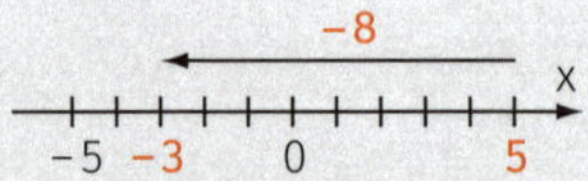

c) **−1 − 5 = −6**

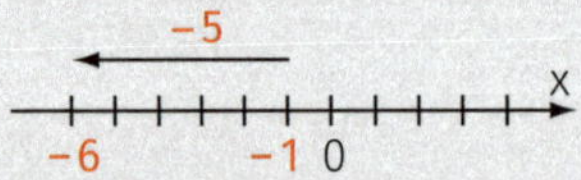

d) **−7,5 + 4 = −3,5**

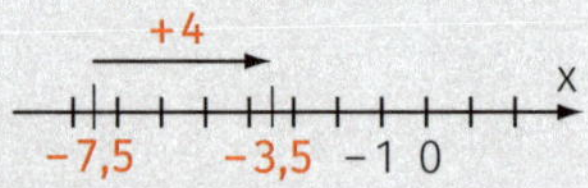

5 $5 - 12 = -7$. Am nächsten Tag beträgt die Temperatur **−7 °C**.

6 $15 - 21 = -6$. Maria hat dann **6 € Schulden** (Minus) auf dem Konto.

Seite 33 7 a) $-2 + 9 = \mathbf{+7}$ b) $-3 - 8 = \mathbf{-11}$ c) $52 - 75 = \mathbf{-23}$

8 a) $-2,5 + 3,9 = \mathbf{+1,4}$ b) $-5,75 - 1,25 = \mathbf{-7}$

c) $\frac{4}{7} - \frac{18}{7} = -\frac{14}{7} = \mathbf{-2}$ d) $-\frac{31}{5} + 3,4 = -6,2 + 3,4 = \mathbf{-2,8}$

Seite 34 9 a) $(+4) + (-8) = +4 - 8 = \mathbf{-4}$ b) $(-5) - (-7) = -5 + 7 = +2 = \mathbf{2}$

c) $(+15) - (+9) = +15 - 9 = +6 = \mathbf{6}$ d) $(-12) + (+7) = -12 + 7 = \mathbf{-5}$

e) $(-7,2) + (+9,5) = -7,2 + 9,5 = \mathbf{+2,3}$ f) $\left(-\frac{2}{3}\right) - \left(+\frac{2}{3}\right) = -\frac{2}{3} - \frac{2}{3} = \mathbf{-\frac{4}{3}}$

10 a) $(3 + 5) - 7 = 3 + 5 - 7 = 8 - 7 = \mathbf{1}$ b) $-4 - (5 - 7 + 1) = -4 - 5 + 7 - 1 = \mathbf{-3}$

c) $2 + (-8 + 7) = 2 - 8 + 7 = \mathbf{1}$

d) $-(+4,5) - (-6,1 - 0,5) = -4,5 + 6,1 + 0,5 = \mathbf{2,1}$

e) $(-0,9 - 7,1) - \left(+\frac{1}{2} - \frac{3}{4}\right) = -0,9 - 7,1 - \frac{1}{2} + \frac{3}{4} = -8 - 0,5 + 0,75 = \mathbf{-7,75}$

11 a) $(3 + 5) - 7 = 8 - 7 = \mathbf{1}$ b) $-4 - (5 - 7 + 1) = -4 - (-1) = \mathbf{-3}$

c) $2 + (-8 + 7) = 2 + (-1) = \mathbf{1}$ d) $-(+4,5) - (-6,1 - 0,5) = -4,5 - (-6,6) = \mathbf{2,1}$

e) $(-0,9 - 7,1) - \left(+\frac{1}{2} - \frac{3}{4}\right) = -8 - (-0,25) = \mathbf{-7,75}$

12 Seite 35

1. Faktor	2. Faktor	Vorzeichen des Produkts	Betrag des Produkts
+8	−4	**−**	**32**
−12	−7	**+**	**84**
$-\frac{5}{9}$	$\frac{3}{10}$	**−**	$\mathbf{\frac{15}{90} = \frac{1}{6}}$

13 a) $(-7)\cdot(+4) = \mathbf{-28}$ b) $(\mathbf{-}9)\cdot(-8) = +\mathbf{72}$ c) $(-6)\cdot(\mathbf{+}6) = -\mathbf{36}$

14 a) $9\cdot(+5)(-2) = \mathbf{-90}$ b) $6\cdot(-7)\cdot 3\cdot(-2) = \mathbf{+252}$ c) $(-3)\cdot(-4)\cdot(-5)\cdot(+1) = \mathbf{-60}$ Seite 36

15 a) $(-28):(+4) = \mathbf{-7}$ b) $(-63):(\mathbf{-}9) = \mathbf{+7}$ c) $(-54)(\mathbf{+}6) = \mathbf{-9}$
d) $-3:\left(-\frac{3}{4}\right) = \mathbf{+4}$ e) $-\frac{1}{2}:\left(+\frac{5}{4}\right) = \mathbf{-\frac{2}{5}}$ f) $-\frac{3}{4}:8 = \mathbf{-\frac{3}{32}}$

16

:	4		−2		+3		−1	
+15	**3,75**	R	**−7,5**	E	**5**	H	**−15**	T
−12	**−3**	H	**+6**	E	**−4**	N	**12**	S
$-\frac{1}{2}$	**−0,125**	E	**0,25**	U	$\mathbf{-0{,}1\overline{6}}$	R	**0,5**	G
0,48	**0,12**	G	**−0,24**	E	**0,16**	T	**−0,48**	C

SEHR GUT GERECHNET

17 a) $\frac{7}{5} + \frac{-2}{-5} = \frac{7}{5} + \frac{2}{5} = \mathbf{\frac{9}{5}}$ b) $\frac{3}{7} - \frac{9}{-7} = \frac{3}{7} - \left(-\frac{9}{7}\right) = \frac{3}{7} + \frac{9}{7} = \mathbf{\frac{12}{7}}$
c) $\frac{5}{22} + \frac{-2}{11} = \frac{5}{22} + \left(-\frac{2}{11}\right) = \frac{5}{22} - \frac{2}{11} = \frac{5}{22} - \frac{4}{22} = \mathbf{\frac{1}{22}}$
d) $\frac{5}{6} - \frac{-9}{8} = \frac{5}{6} + \frac{9}{8} = \frac{20}{24} + \frac{27}{24} = \mathbf{\frac{47}{24}}$

18 a) $25 - 24 + 8\cdot(-5) - 21 = 25 - 24 - 40 - 21 = \mathbf{-60}$ Seite 37
b) $(-12) + 9:\left(-\frac{3}{4}\right)\cdot(-7) + 8{,}5 = -12 + (-12)\cdot(-7) + 8{,}5 = -12 + 84 + 8{,}5 = \mathbf{80{,}5}$
c) $-\frac{7}{5} - \frac{12}{5}\cdot 4 - (-6{,}5)\cdot 2 = -\frac{7}{5} - \frac{48}{5} + 13 = -\frac{55}{5} + 13 = -11 + 13 = \mathbf{2}$
d) $(-5)\cdot\left(-3\frac{1}{2}\right) + 3{,}5 - 5\cdot 7{,}2 = 17{,}5 + 3{,}5 - 36 = 21 - 36 = \mathbf{-15}$

19 a) $-2\cdot(8 - 12) = \mathbf{-}16 \mathbf{+} 24$
b) $(-3 - 7)\cdot 5 = \mathbf{-}15 \mathbf{-} 35$
c) $3 + (-2)\cdot(5 - 9) = 3 \mathbf{+} (\mathbf{-}10 \mathbf{+} 18) = 3 \mathbf{-} 10 \mathbf{+} 18$
d) $1 - (9 - 2)\cdot(-4) = 1 \mathbf{-} (\mathbf{-}36 \mathbf{+} 8) = 1 \mathbf{+} 36 \mathbf{-} 8$

20 a) $1 - 6\cdot(3 - 5) = \mathbf{1 - 18 + 30 = 13}$
b) $2 - (-5 + 9)\cdot 7 = 2 - (-35 + 63) = \mathbf{2 + 35 - 63 = -26}$
c) $9 - (3 - 4)\cdot(-6) = 9 - (-18 + 24) = \mathbf{9 + 18 - 24 = 3}$
d) $2{,}5 - \frac{3}{4}\cdot\left(-8 + \frac{4}{3}\right) = \mathbf{2{,}5 + 6 - 1 = 7{,}5}$

21 a) $-86\cdot 7 + 36\cdot 7 = (-86 + 36)\cdot 7 = -50\cdot 7 = \mathbf{-350}$ Seite 38
b) $-20\cdot 67 + (-20)\cdot 33 = -20\cdot(67 + 33) = -20\cdot 100 = \mathbf{-2000}$
c) $\frac{4}{5}\cdot 2{,}45 - 0{,}95\cdot\frac{4}{5} = \frac{4}{5}\cdot(2{,}45 - 0{,}95) = \frac{4}{5}\cdot 1{,}5 = \frac{4}{5}\cdot\frac{3}{2} = \frac{6}{5} = \mathbf{1{,}2}$
d) $0{,}5\cdot 2\frac{1}{6} - 0{,}5\cdot\left(-3\frac{5}{6}\right) = 0{,}5\cdot\left(2\frac{1}{6} + 3\frac{5}{6}\right) = 0{,}5\cdot 6 = \mathbf{3}$

22 a) $3 + (-35 - 20):5 = 3 \mathbf{+} (\mathbf{-}7 \mathbf{-} 4) = 3 \mathbf{-} 7 \mathbf{-} 4$
b) $(+22 - 14):(-2) = (\mathbf{-}11 \mathbf{+} 7) = \mathbf{-}11 \mathbf{+} 7$
c) $7 - (-30 + 18):(-6) = 7 \mathbf{-} (\mathbf{+}5 \mathbf{-} 3) = 7 \mathbf{-} 5 \mathbf{+} 3$
d) $9 + (24 - 32):(+4) = 9 \mathbf{+} (\mathbf{+}6 \mathbf{-} 8) = 9 \mathbf{+} 6 \mathbf{-} 8$

23 a) $7-(14-35):7=7-(2-5)=\mathbf{7-2+5=10}$
b) $5+(-27+18):(-9)=5+(3-2)=\mathbf{5+3-2=6}$
c) $1-(12+30):(-6)=1-(-2-5)=\mathbf{1+2+5=8}$
d) $3+(-4+8):\left(-\frac{4}{7}\right)=3+(7-14)=\mathbf{3+7-14=-4}$
e) $4{,}5-(2{,}0-7{,}5):(-5)=4{,}5-(-0{,}4+1{,}5)=\mathbf{4{,}5+0{,}4-1{,}5=3{,}4}$
f) $-\frac{2}{3}-\left(-\frac{1}{2}+\frac{5}{6}\right):\left(-\frac{1}{6}\right)=-\frac{2}{3}-(3-5)=\mathbf{-\frac{2}{3}-3+5=1\frac{1}{3}}$

Seite 39 Training plus

20 Beispielhafte Lösungen: Die Änderung der Temperatur im Winter; wenn man sein Konto überzieht; Tiefenangabe beim Tauchen …
21 Die negativen Zahlen liegen auf der Zahlengeraden links von der Null. Man erhält die Gegenzahl einer Zahl, indem man sie an der Null spiegelt, d. h. ihr Vorzeichen ändert.
22 ℕ = natürliche Zahlen; ℤ = ganze Zahlen; ℚ = rationale Zahlen. ℕ ist sowohl in ℤ als auch in ℚ enthalten. ℤ ist eine Teilmenge von ℚ.
23 Bei gleichen Vor- bzw. Rechenzeichen erhält man Plus; bei verschiedenen Vor- bzw. Rechenzeichen erhält man Minus. $+(+a)=+a$; $+(-a)=-a$; $-(+a)=-a$; $-(-a)=+a$
24 Man lässt einfach das vorausstehende Pluszeichen und die Klammer weg.
Sonderfall: Wenn der erste Summand in der Klammer ein Vorzeichen trägt, gilt:
+(– …) = – … und +(+ …) = + ….
25 Man dreht alle Rechenzeichen in der Klammer um und streicht dann das vorausgehende Minuszeichen und die Klammer. **Sonderfall:** Wenn der erste Summand in der Klammer ein Vorzeichen trägt, gilt: –(+ …) = – … und –(– …) = + ….
26 Haben beide rationale Zahlen das gleiche Vorzeichen, ist das Ergebnis positiv.
Haben sie unterschiedliche Vorzeichen, ist das Ergebnis negativ.
27 Ist die Anzahl der negativen Vorzeichen gerade, ist das Ergebnis positiv. Ist sie ungerade, ist das Ergebnis negativ. Den Betrag des Ergebnisses erhält man, indem man die Beträge der rationalen Zahlen miteinander multipliziert.
28 Weil dann das Ergebnis immer 0 ist und man nicht rechnen muss.
29 Indem man mit dem negativen Kehrbruch multipliziert.

Seite 40 Abschlusstest

1

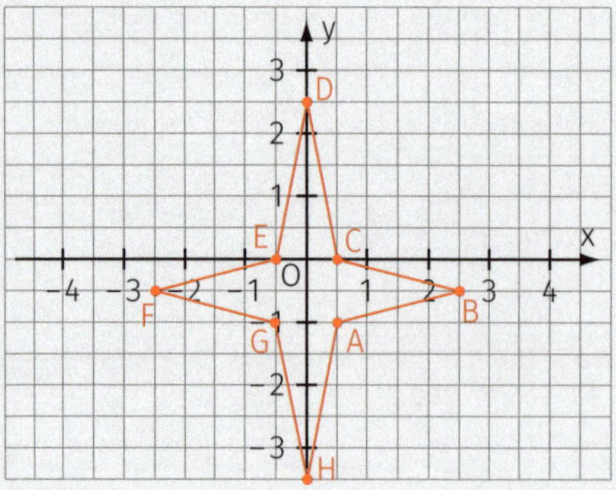

zu 8:

[1] 1	[2] 2	0 G		[3] 3	[4] 9 T
[5] 8	1		[6] 6 A	3	0
	[7] 5	[8] 4 E	8 H		7 C
[9] 5 M		[10] 1	9	[11] 1 U	
[12] 3	[13] 3 G	3		2 T	[14] 4
9	0		[15] 3	1	8

2 Die ganzen Zahlen sind: 2; 9; –1; +5; 7; 12; –5; |–5|; –3; –8; –101. ZAHLENMENGE

3 a) $3{,}5+(-2{,}4)-21-(-17)=3{,}5-2{,}4-21+17=\mathbf{-2{,}9}$
b) $9-[-6+(-4)]-8=9-[-6-4]-8=9-[-10]-8=9+10-8=\mathbf{11}$
c) $-[12{,}4-(-8{,}2)]-\left[-3{,}25+\left(-\frac{1}{2}\right)\right]-(4{,}6-2{,}5)=-[12{,}4+8{,}2]-\left[-3{,}25-\frac{1}{2}\right]-2{,}1$
$=-20{,}6-(-3{,}75)-2{,}1=-20{,}6+3{,}75-2{,}1=\mathbf{-18{,}95}$

4 U = −70; H = +8; S = +36; L = 0; A = −4,5; C = +22,5; SCHLAU

5 a) $15 + (-8) : \frac{3}{4} \cdot (-6) - (-59) = 15 + \left(-\frac{32}{3}\right) \cdot (-6) + 59 = 15 + 64 + 59 = \mathbf{138}$ Seite 41

b) $-36 \cdot \left(-\frac{7}{9}\right) + 2{,}5 \cdot (-8) + 8 : \left(-\frac{16}{7}\right) = 28 - 20 - \frac{7}{2} = \mathbf{4{,}5}$

6 a) $0{,}5 \cdot (-10) - 8 \cdot \left(-\frac{3}{4} + 2\right) = -5 + 6 - 16 = \mathbf{-15}$

b) $1{,}2 - \left(1{,}5 + \frac{4}{3}\right) \cdot (-6) = 1{,}2 - (-9 - 8) = 1{,}2 + 9 + 8 = \mathbf{18{,}2}$

7 a) $3 \cdot (-2{,}75) + 3 \cdot 1{,}25 = 3 \cdot (-2{,}75 + 1{,}25) = 3 \cdot (-1{,}5) = \mathbf{-4{,}5}$

b) $-82{,}5 \cdot 19 + 19 \cdot 12{,}5 = 19 \cdot (-82{,}5 + 12{,}5) = 19 \cdot (-70) = \mathbf{-1330}$

8 GUT GEMACHT (siehe Grafik auf Seite 114 unten rechts)

38 – 30 Punkte	**29 – 19 Punkte**	**unter 19 Punkte**
sehr gut bis gut	befriedigend bis ausreichend	nicht mehr ausreichend

Kapitel 4: Dreisatzrechnung

1 a) Seite 43

	7 Äpfel	3,50 €	
:7	1 Apfel	**0,50 €**	**:7**
·12	12 Äpfel	**6,0 €**	**·12**

b)

	14 Flaschen	21 kg	
:14	1 Flasche	**1,5 kg**	**:14**
·8	8 Flaschen	**12 kg**	**·8**

c)

	5 Lose	**250 Cent**	
:5	1 Los	50 Cent	**:5**
·60	60 Lose	**3000 Cent**	**·60**

d)

	27 Liter	450 km	
:27	1 Liter	**$16{,}\overline{6}$ km**	**:27**
·60	60 Liter	**1000 km**	**·60**

2

	15 s	18 Schläge	
:15	1 s	1,2 Schläge	:15
·3600	**3600 s**	**4320 Schläge**	·3600

Hinweis: Eine Stunde sind 3600 s.

3

	5 min	32 ml	
:5	1 min	6,4 ml	:5
·1440	**1440 min**	9216 ml = **9,216 ℓ**	·1440

Jährlich sind das
$365 \cdot 9{,}216\,\ell = 3363{,}84\,\ell \approx 3{,}36\ m^3$.
Das sind dann $3{,}36 \cdot 4{,}95\,€ \approx$ **16,63 €**.
Hinweis: 1 Tag sind
$24 \cdot 60$ min = 1440 min.

4

	0,016 g	1 Flug	
:0,016	1 g	62,5 Flüge	:0,016
·500	**500 g**	**31 250 Flüge**	·500

Es sind 16 mg = 0,016 g. Für 1 g (= 1000 mg) sind 62,5 Flüge (= 1 g : 0,016 g) nötig. Um 500 g zu sammeln, muss die Biene dann $500 \cdot 62{,}5$ = 31 250-mal ausfliegen.

5 a) Seite 44

	120 km	8 ℓ	
:120	1 km	$0{,}0\overline{6}$ ℓ	:120
·540	540 km	**36 ℓ**	·540

b)

	1 ℓ	2,4 kg	
·36	36 ℓ	**86,4 kg**	·36

Seite 45 6 a)

	3 Arbeiter	16 Tage	
:3	1 Arbeiter	**48 Tage**	·3
·8	8 Arbeiter	**6 Tage**	:8

b)

	$80\,\frac{km}{h}$	4,5 h	
:80	$1\,\frac{km}{h}$	**360 h**	·80
·90	$90\,\frac{km}{h}$	**4 h**	:90

c)

	12 Teile	30 g	
:12	1 Ganzes	**360 g**	·12
·15	15 Teile	**24 g**	:15

d)

	6 Gläser	0,2 ℓ	
:6	1 Glas	**1,2 ℓ**	·6
·8	8 Gläser	**0,15 ℓ**	:8

7

	bei 32 Schülern	6,30 € pro Schüler	
:32	bei 1 Schüler	201,6 € pro Schüler	·32
·28	bei 28 Schülern	**7,20 € pro Schüler**	:28

Je weniger Personen mitfahren, desto höher ist der Preis pro Person.

Seite 46 8

	5 Zuflüsse	1,5 h	
:5	1 Zufluss	7,5 h	·5
·4	4 Zuflüsse	1,875 h = **112,5 min**	:4

Seite 47 9 a)

Birnen x	1	2	3	**5**	8	9
Gewicht y in g	**150**	**300**	450	750	**1200**	**1350**

b)

Maler x	1	**2**	3	4	8	12
Arbeitszeit y in h	**12**	6	**4**	**3**	1,5	**1**

Tipp: In a) ist der Quotient y : x immer 150. In b) ist das Produkt x · y immer 12.

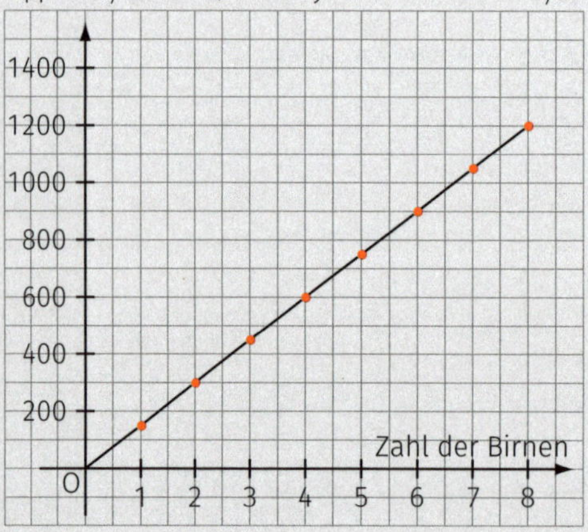

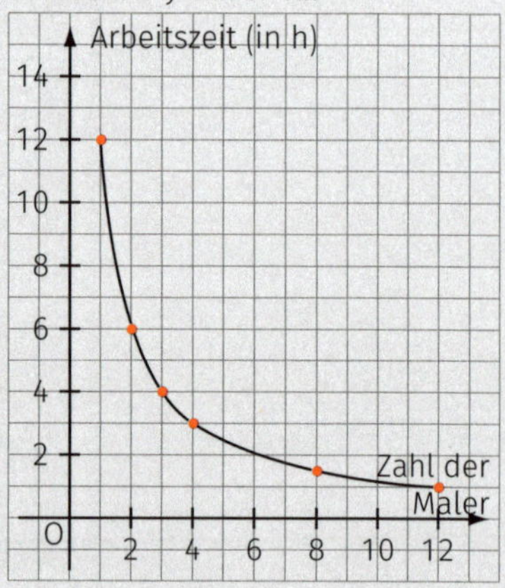

Seite 48 **Training plus**

30 Mit x → y. Der Größe x wird eine Größe y zugeordnet.

31 **Proportional:** Je mehr ..., desto mehr ...
Umgekehrt Proportional: Je mehr ..., desto weniger ...

32 In die obere Zeile trägt man alle x-Werte ein. In der unteren Zeile stehen die y-Werte, die zu den jeweiligen x-Werten gehören.

33 Bei einer proportionalen Zuordnung ist der Quotient zwischen dem y- und dem x-Wert immer konstant.

34 Bei einer umgekehrt proportionalen Zuordnung ist das Produkt zwischen dem y- und dem x-Wert immer konstant.

35 Immer durch sich selbst. Es gilt: $a : a = 1$ (für $a \neq 0$)

36 Bei einer proportionalen Zuordnung muss man auf beiden Seiten des Dreisatzschemas die gleiche Rechenoperation durchführen (multiplizieren oder dividieren).
Bei einer umgekehrt proportionalen Zuordnung muss man auf beiden Seiten des Dreisatzschemas entgegengesetzte Rechenoperationen durchführen.

37 Indem man die einzelnen Wertepaare in ein Achsenkreuz einträgt und durch eine Gerade bzw. Hyperbel miteinander verbindet.

38 Bei einer proportionalen Zuordnung ist das entsprechende Schaubild eine Ursprungsgerade.

39 Bei einer umgekehrt proportionalen Zuordnung ist das entsprechende Schaubild eine Hyperbel.

Abschlusstest

Seite 49

1 a) Je **mehr** Kartoffeln man kauft, desto **schwerer** ist der Einkaufskorb. (proportional)
b) Je **höher** die Reisegeschwindigkeit, desto **kürzer** ist die Fahrtdauer. (umgekehrt proportional)
c) Je **mehr** Geld man hat, desto **mehr** Hemden kann man kaufen. (proportional)
d) Je **größer** der Benzinvorrat, desto **länger** ist die Reisestrecke, die man zurücklegen kann. (proportional)

2 a) **10 Birnen** b) **81 €**

3 a) **5,6 h** b) **5,1 h**

4

Strecke in km	25	80	120	**300**	350	**500**
Benzinverbrauch in ℓ	**1,5**	**4,8**	**7,2**	18	21	30

Seite 50

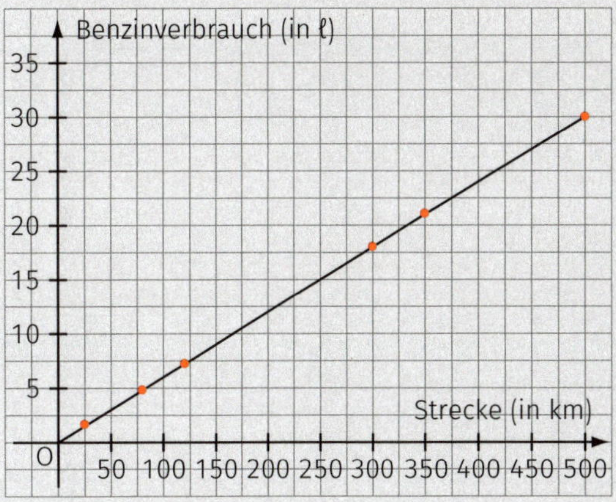

5

Breite eines Rechtecks in m	2	6	**6,4**	**8**	24	**48**
Länge eines Rechtecks in m	**48**	**16**	15	12	4	2

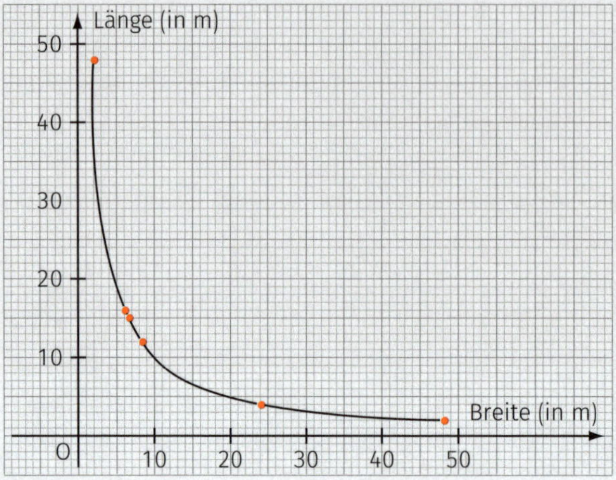

Seite 51

6 a) Die Zuordnung ist proportional. Für 1 € bekommt Herr Müller 1,52 $ (= 2280 $: 1500). Somit bekommt er für 2000 € den Dollarbetrag 3040 $ (= 2000 · 1,52 $).

b) Die Zuordnung ist umgekehrt proportional. Bei einer täglichen Ausgabe von 1 $ könnte Familie Müller 3040 Tage in den USA bleiben. Somit kann sie bei einer täglichen Ausgabe von 200 $ nur 15,2 Tage (= 3040 Tage : 200), also 15 Tage bleiben.

7 a) Die Zuordnung ist umgekehrt proportional. Hätte eine Flasche 1 ℓ Inhalt, wären 135 Flaschen (= 180 Fl. · 0,75) nötig. Bei 0,5-Liter-Flaschen braucht der Winzer somit 270 Flaschen (= 135 Fl. : 0,5).

b) Die Einnahmen bei 0,75-Liter-Flaschen sind: 180 · 3,95 € = 711 €.
Die Einnahmen bei 0,5-Liter-Flaschen sind: 270 · 2,95 € = 796,50 €.
Die Einnahmen wären um 85,50 € höher.

8 a) Die Zuordnung ist proportional. Täglich bindet der Baum $2400\,m^2 \cdot 1{,}5\,\frac{g}{m^2} = 3600\,g$.
In 6 Monaten (= 180 Tage) sind das $180 \cdot 3600\,g = 648\,000\,g = 648\,kg$.

b) Die Zuordnung ist proportional. Es wären 5 Bäume (= 3240 : 648) nötig.

32 – 26 Punkte	25 – 16 Punkte	unter 16 Punkte
sehr gut bis gut	befriedigend bis ausreichend	nicht mehr ausreichend

Kapitel 5

Seite 53

1 a) 5 blaue Teile von insgesamt 8 Teilen sind $\frac{5}{8} = 0{,}625 =$ **62,5 %**

b) 15 rote Teile von insgesamt 25 Teilen sind $\frac{15}{25} = 0{,}60 =$ **60 %**

2 a) $\frac{1}{2} =$ **50 %** b) $\frac{3}{4} =$ **75 %** c) $\frac{2}{5} =$ **40 %**

d) $\frac{17}{25} =$ **68 %** e) $\frac{9}{20} =$ **45 %** f) $\frac{39}{50} =$ **78 %**

g) $\frac{1}{3} \approx$ **33,33 %** h) $\frac{5}{6} \approx$ **83,33 %** i) $\frac{7}{12} \approx$ **58,33 %**

3 a) $5\,\% = \frac{5}{100} = \mathbf{\frac{1}{20}}$ b) $20\,\% = \frac{20}{100} = \mathbf{\frac{1}{5}}$ c) $75\,\% = \frac{75}{100} = \mathbf{\frac{3}{4}}$

d) $40\,\% = \frac{40}{100} = \mathbf{\frac{2}{5}}$ e) $50\,\% = \frac{50}{100} = \mathbf{\frac{1}{2}}$ f) $90\,\% = \frac{90}{100} = \mathbf{\frac{9}{10}}$

g) $12{,}5\,\% = \frac{12{,}5}{100} = \frac{125}{1000} = \mathbf{\frac{1}{8}}$ h) $7{,}25\,\% = \frac{7{,}25}{100} = \frac{725}{10\,000} = \mathbf{\frac{29}{400}}$

i) $66{,}\overline{6}\,\% = 66\,\% + \frac{2}{3}\,\% = \frac{66}{100} + \frac{2}{300} = \mathbf{\frac{2}{3}}$ j) $33{,}\overline{3}\,\% = 33\,\% + \frac{1}{3}\,\% = \frac{33}{100} + \frac{1}{300} = \mathbf{\frac{1}{3}}$

4 a) 20 % b) 33,33 % c) 90 % d) 7,5 % **Seite 54**

5 a) 87 Schüler b) 27 Lehrer c) 3 Computer d) 25,2 Mio. Wähler **Seite 55**

6 a) 350 Autos b) 40 Schüler c) 9454,55 € d) 1000 Fische

7 20 % von 270 ml sind **54 ml**. Eine neue Flasche enthält somit **324 ml**.

8 180 € von 2400 € sind **7,5 %**.

9 Es gibt insgesamt **85 Gymnasien** (= Grundwert) in diesem Landkreis.

10 In einem Säulendiagramm mit den Maßstab 1 % ≙ 1 mm sind die Säulenhöhen: **Seite 57**
Essen, Getränke: 23 % ≙ 2,3 cm; Miete: 35 % ≙ 3,5 cm; Auto + Verkehrsmittel: 17 % ≙ 1,7 cm; Kleidung: 9 % ≙ 0,9 cm; Sonstiges: 16 % ≙ 1,6 cm.
In einem Kreisdiagramm sind die Winkel der Kreisausschnitte:
Essen, Getränke (E): 23 % ≙ 82,8°;
Miete (M): 35 % ≙ 126°;
Auto + Verkehr (A): 17 % ≙ 61,2°;
Kleidung (K): 9 % ≙ 32,4°;
Sonstiges (S): 16 % ≙ 57,6°.
(Grafiken verkleinert)

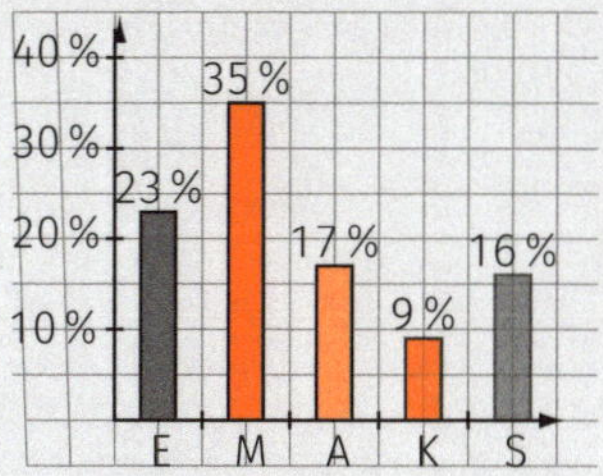

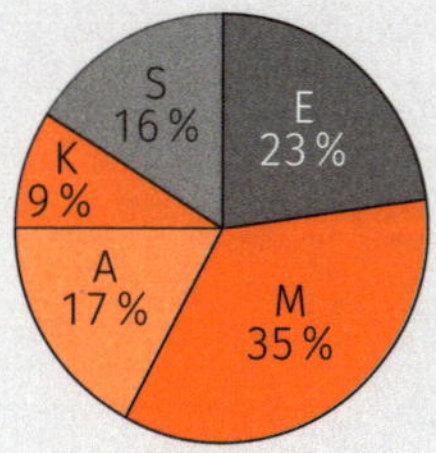

11 a) Mit $\frac{3}{8}$ ≙ 37,5 % und $\frac{1}{10}$ ≙ 10 % ergibt die Summe der angegebenen Anteile 25 % + 37,5 % + 12,5 % + 10 % = 85 %. Somit muss der fehlende Anteil **15 %** betragen (= 100 % – 85 %).
b) 15 % entspricht im Kreisdiagramm einem Winkel von **54°** (≙ 15 · 3,6°).
c) Streifendiagramm (1 % ≙ 1 mm):

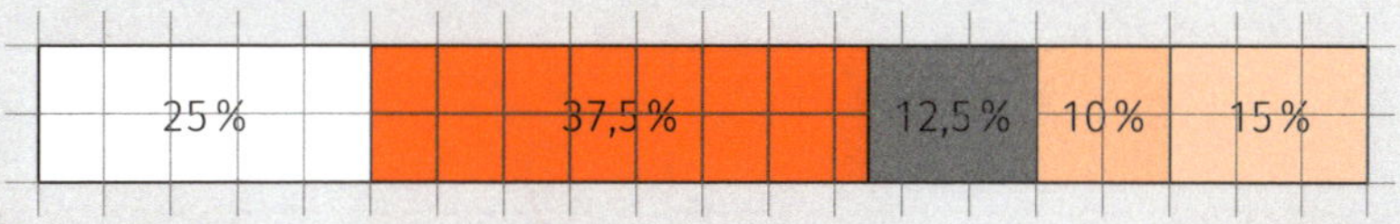

12 a) Mit $\frac{1}{8}$ ≙ 12,5 % und $\frac{2}{5}$ ≙ 40 % ist die Summe der angegebenen Anteile: 40 % + 14,5 % + 12,5 % = 67 %. Somit muss der fehlende Anteil 33 % betragen (= 100 % – 67 %). **Seite 58**
b) Wenn 33 % den 1221 Stimmen entsprechen, ist der Grundwert (= alle abgegebenen Stimmen) **3700 Stimmen**.
c) Kreisdiagramm siehe rechts. 40 % ≙ 144° (A); 33 % ≙ 118,8° (B); 14,5 % ≙ 52,2° (C); 12,5 % ≙ 45°

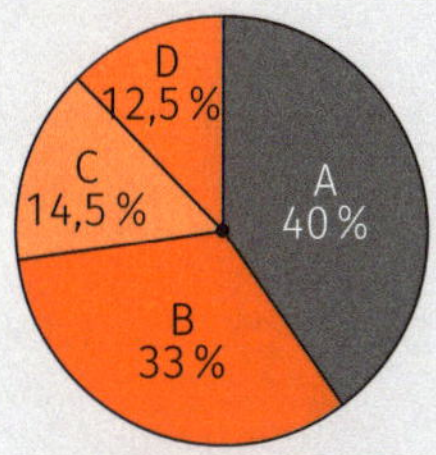

13 a) Mit $\frac{3}{8}$ = 37,5 % ist die Summe der angegeben Prozentsätze: 7,5 % + 35 % + 37,5 % = 80 %. Somit müssen die 45 Schüler einem Prozentsatz von **20 %** entsprechen.
b) Aus 20 % ≙ 45 Schüler folgt: 100 % ≙ **225 Schüler**.
c) Kreisdiagramm:
Den Prozentsätzen entsprechen folgende Winkel:
7,5 % ≙ 27° (Mathematik); 35 % ≙ 126° (Deutsch);
37,5 % ≙ 135° (Englisch); 20 % ≙ 72° (Französisch).

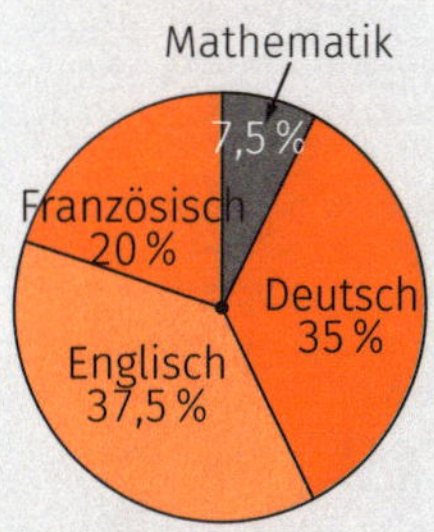

Seite 59 **Training plus**

40 Die ganze Pizza entspricht dem Grundwert. Ein Stück davon entspricht dem Prozentwert.

41 Die Prozentzahl p ist der Zähler, im Nenner steht 100. Danach versucht man, den Bruch $\frac{p}{100}$ soweit wie möglich zu kürzen.
Man rechnet den Bruch in einen Dezimalbruch um und multipliziert anschließend mit 100. Das Ergebnis ist die Prozentzahl p.

42 Man multipliziert den Quotient „*Prozentwert durch Grundwert*" mit 100 %.

43 Man kann die Größe der Anteile leichter miteinander vergleichen.

44 100 %

45 immer auf die rechte Seite

46 für den entsprechenden Prozentsatz

47 1 mm sollte 1 % entsprechen. Dann wird das Erstellen der Diagramme besonders einfach.

48 Indem man die Prozentzahl p mit 3,6° multipliziert.

49 Man berechnet die Summe aller anderen Prozentsätze. Der fehlende Prozentsatz ist dann der Rest, der zu 100 % noch fehlt.

Seite 60 **Abschlusstest**

1 a) $\frac{1}{4}$ = **25 %** b) $\frac{7}{40}$ = **17,5 %** c) $\frac{13}{20}$ = **65 %** d) $\frac{1}{6}$ = **16,$\overline{6}$ %**

2 24 % von 45,50 € sind **10,92 €**.
Damit kostet die Jeanshose nach der Ermäßigung nur noch **34,58 €**.

3 1,5 Liter Cola wiegen ca. 1500 g. 10 % Zucker davon sind **150 g**.

4 450 € von 6250 € sind **7,2 %**.

5 In einem Säulendiagramm mit den Maßstab 1 % ≙ 1 mm sind die Säulenhöhen:
Kandidat A: 1,7 cm;
Kandidat B: 3,8 cm;
Kandidat C: 1,5 cm;
Kandidat D: 3,0 cm.
Im Kreisdiagramm sind die entsprechenden Winkel:
Kandidat A: 17 % ≙ **61,2°**;
Kandidat B: 38 % ≙ **136,8°**;
Kandidat C: 15 % ≙ **54°**;
Kandidat D: 30 % ≙ **108°**.

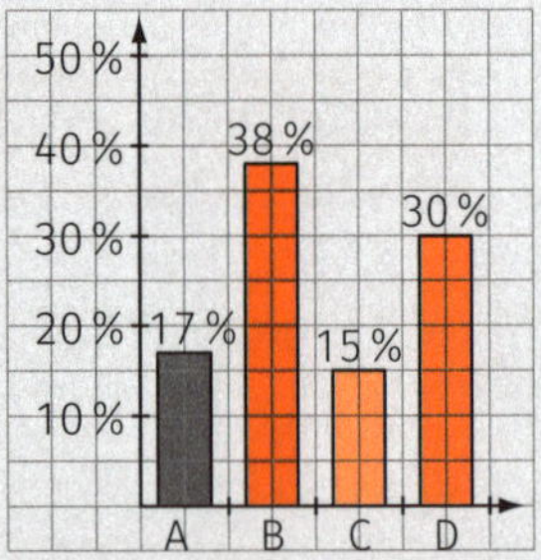

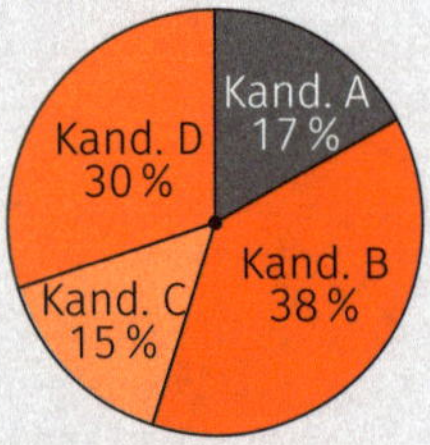

(Grafiken verkleinert)

Seite 61 6 a) Das gesamte Müllaufkommen eines Bürgers beträgt **190,5 kg** im Jahr. Dies ist der Grundwert. Für die einzelnen Prozentsätze ergibt sich somit:
Papier: 67,5 kg von 190,5 kg ≙ **35,4 %**;
Glas: 53,7 kg von 190,5 kg ≙ **28,2 %**;
Holz: 26,0 kg von 190,5 kg ≙ **13,6 %**;
Kunststoff: 20,7 kg von 190,5 kg ≙ **10,9 %**;
Metall: 15,6 kg von 190,5 kg ≙ **8,2 %**;
Verbund: 7 kg von 190,5 kg ≙ **3,7 %**.

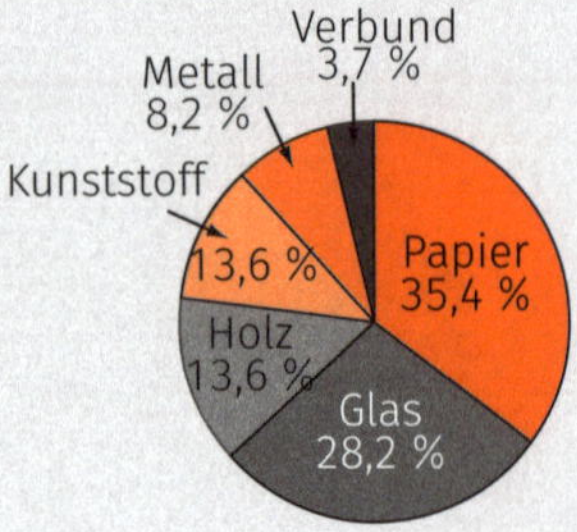

b) Im Kreisdiagramm sind die entsprechenden Winkel:
Papier: 35,4 % ≙ **127,4°**; Glas: 28,2 % ≙ **101,5°**;
Holz: 13,6 % ≙ **49°**; Kunststoff: 10,9 % ≙ **39,2°**;
Metall: 8,2 % ≙ **29,5°**; Verbund: 3,7 % ≙ **13,3°**.

7 a) Wenn 31 % 139,5 Mrd. kWh entsprechen, dann entsprechen 1 % 4,5 Mrd. kWh.
Somit erhält man für die anderen Energieträger:
Steinkohle: 26 % ≙ **117 Mrd. kWh**; erneuerbare Energien: 18 % ≙ **81 Mrd. kWh**;
Kernkraft: 25 % ≙ **112,5 Mrd. kWh**.

b) Durch Steinkohle und Braunkohle wurden zusammen 256,5 Mrd. kWh (= 139,5 + 117) Strom erzeugt.
Das entspricht einer Menge Kohlendioxid von
256,5 Mrd. · 0,614 kg = 157,5 Mrd. kg = **157 500 000 000 kg**.

20 – 16 Punkte	15 – 10 Punkte	unter 10 Punkte
sehr gut bis gut	befriedigend bis ausreichend	nicht mehr ausreichend

Kapitel 6: Grundbegriffe der Geometrie

In diesem Kapitel gilt: Beim Vergleich mit deinen Lösungen sind *geringe* Abweichungen aufgrund von Messungenauigkeiten bei Winkel- und Abstandsmessungen möglich.

1

Punkte der Ebene	(3|4)	(−4|5)	(5|−4)	(−20|−20)	(12|0)	(0|0)	(0|−13)
Quadrant	**1**	**2**	**4**	**3**	**x-Achse**	**Ursprung**	**y-Achse**

Seite 63

2 a) A(0|2); B(−3|2); C(4|1) D(−2|−2); E(1|−3); F(3|0)
b) siehe rechts

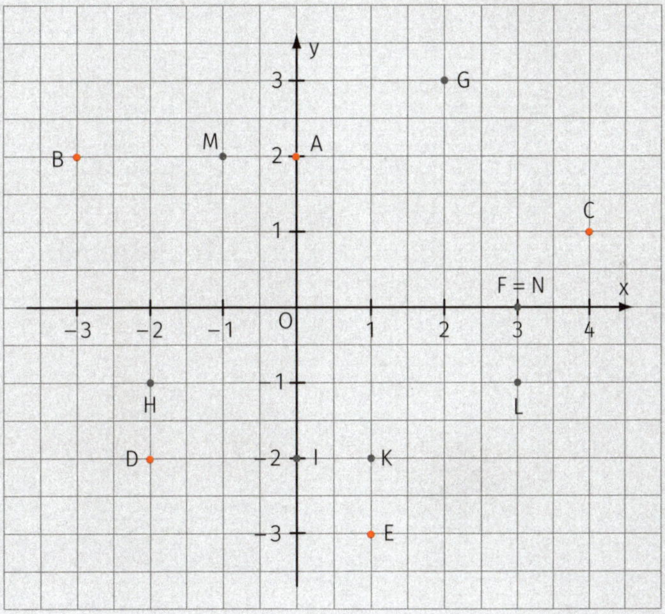

Seite 64

3 [AB] = **3 cm**
[AC] = **4,1 cm**
[AD] = **4,5 cm**
[CD] = **6,7 cm**
[BC] = **7,1 cm**
[BA] = **3 cm**
[ED] = **3,2 cm**

Seite 64/65 4 a) und b) siehe rechts
c) Anfangspunkt B(−2|3); $P_2(0|1)$; $P_2(1|0)$
d) Ordinate: 2
e) Schnittpunkt (1|0)
g) $\overline{DA} = 2\,cm$; $\overline{CE} = 4\,cm$; $\overline{OF} = 2{,}9\,cm$
h) A(−1|3); F(−1,5|−2,5)

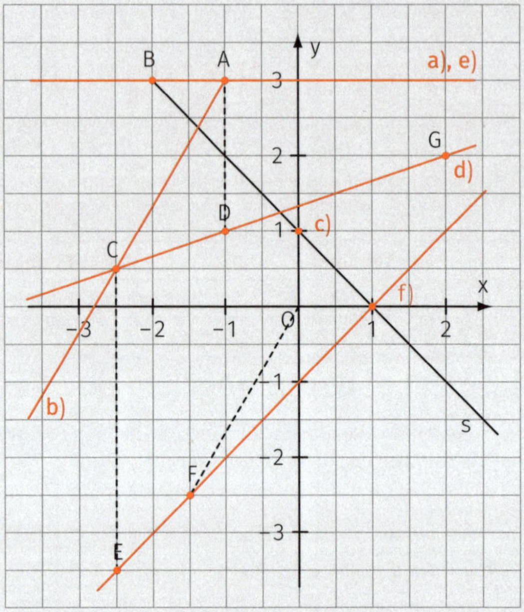

Seite 66 5 a) überstumpf
b) gestreckt
c) stumpf
d) spitz
e) rechter Winkel
f) spitz

6

rechter Winkel	spitzer Winkel	stumpfer Winkel	Vollwinkel	überstumpfer Winkel	gestreckter Winkel

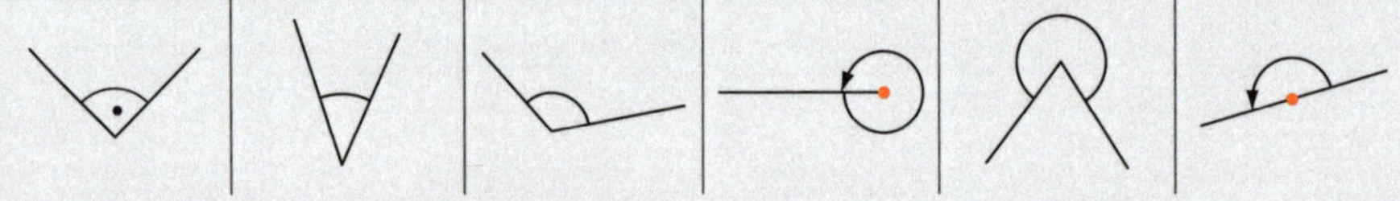

(Nur der rechte Winkel, der Vollwinkel und der gestreckte Winkel sind eindeutig. Die anderen Skizzen sind beispielhafte Lösungen.)

Seite 67 7 w(g, h) = **40°**; w(s, g) = **160°**; w(h, s) = **160°**; w(s, l) = **35°**; w(g, s) = **200°**; w(g, l) = **235°**

8

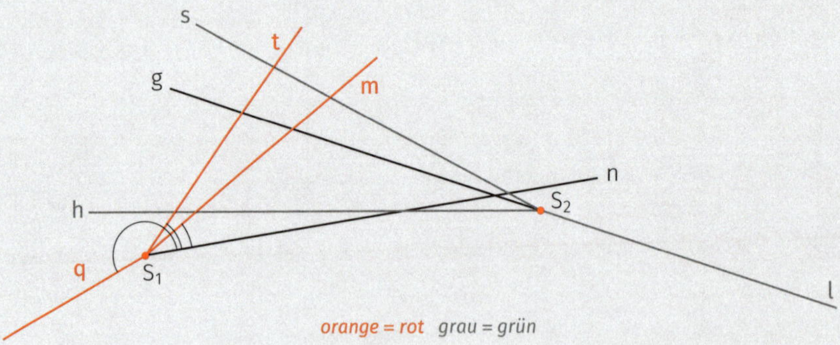

orange = rot *grau = grün*

Seite 68 9

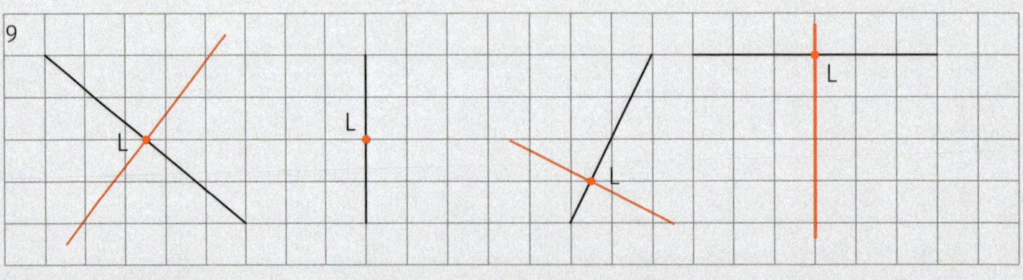

10

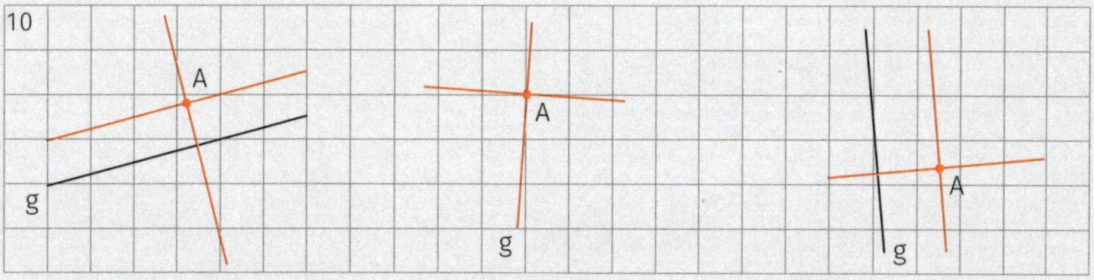

11 a) d(A, B) = 6,3 cm b) d(B, C) = 5,6 cm c) d(C, D) = 5,0 cm Seite 69
d) $\overline{BA}$ = 6,3 cm e) $\overline{CB}$ = 5,6 cm f) $\overline{AD}$ = 4,1 cm
g) d(A, g) = 1,0 cm h) d(B, g) = 4,0 cm i) d(C, g) = 3,0 cm
j) d(B, h) = 2,0 cm k) d(C, h) = 1,0 cm l) d(A, h) = 1,0 cm

Training plus

Seite 70

50 Alle Punkte im dritten Quadranten (und nur diese) haben negative x-Werte und negative y-Werte (eine negative Abszisse und eine negative Ordinate).
51 a) im 1. oder 3. Quadranten b) im 2. oder 4. Quadranten c) auf einer der Achsen
52 Der Strahl beginnt an einem festen Anfangspunkt und ist auf der anderen „Seite" nicht begrenzt, während die Gerade in beide Richtungen unbegrenzt verläuft.
53 [AB] bzw. $\overline{AB}$ bezeichnet die **Länge** der Strecke zwischen den Punkten A und B.
54 Ein Winkel, der **größer als 180°** ist, heißt überstumpfer Winkel. Beispiele: 359°, 181°, 200°
55 Zwei Geraden sind zueinander orthogonal, wenn sie sich unter einem Winkel von 90° schneiden.
56 Die Geraden sind parallel zueinander.
57 Der Abstand von einem Punkt zur Geraden kann dann auf der Linealskala des Geodreiecks abgelesen werden, wenn man es so anlegt, dass die **Mittellinie** (von der 0 bis zur Spitze mit dem rechten Winkel) **auf der Geraden** liegt und die **Seite mit der Linealskala durch den Punkt** geht.
58 Auf dem Lot, das durch die Mitte von $\overline{AB}$ verläuft.
59 Mit den senkrechten aufeinander stehenden Linien des Geodreiecks (→ Zeichnung Seite 68 oben) kann auf Orthogonalität geprüft werden. Mit den zueinander parallelen Linien des Geodreiecks (→ Zeichnung Seite 68 unten) wir auf Parallelität geprüft.

Abschlusstest

Seite 71

1 α = **33°**; β = **35°**; γ = **112°**;
δ = **153°**; ε = **312°**; λ = **27°**

2 siehe Grafik nächste Seite

3 d(A, g) = **2,3 cm**; d(B, g) = **0 cm**;
d(C, g) = **0,6 cm**; d(D, g) = **1,8 cm**
d(A, h) = **1 cm**; d(B, h) = **3,2 cm**;
d(C, h) = **1,3 cm**; d(D, h) = **0 cm**

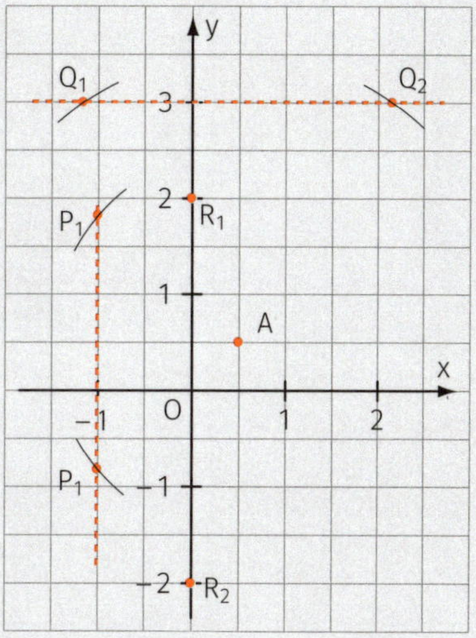

4 siehe Grafik rechts
a) $Q_1(\approx -1{,}3\,|\,3)$; $Q_2(\approx 2{,}15\,|\,3)$
b) $P_1(-1\,|\approx 1{,}8)$; $P_2(-1\,|\approx -0{,}8)$
c) $R_1(0\,|\,2)$; $R_2(0\,|-2)$
Anmerkung: Der Abstand zu Punkt A in den Teilaufgaben a) und b) kann auch mit dem Zirkel angetragen werden, wie in der Zeichnung durch die schwarzen Linien angedeutet wurde.

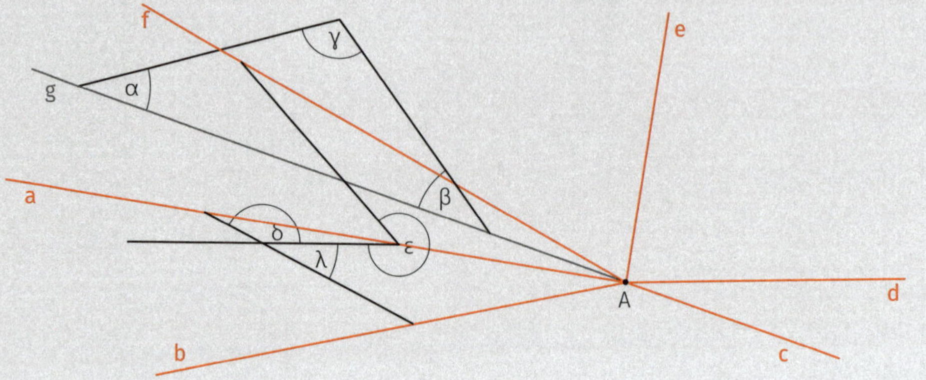

26 – 21 Punkte	20 – 13 Punkte	unter 13 Punkte
sehr gut bis gut	befriedigend bis ausreichend	nicht mehr ausreichend

Kapitel 7: Ebene Figuren und Körper

Auch in diesem Kapitel gilt: Beim Vergleich mit deinen Lösungen sind *geringe* Abweichungen aufgrund von Messungenauigkeiten bei Winkel- und Abstandsmessungen möglich.

Seite 72 1 a)

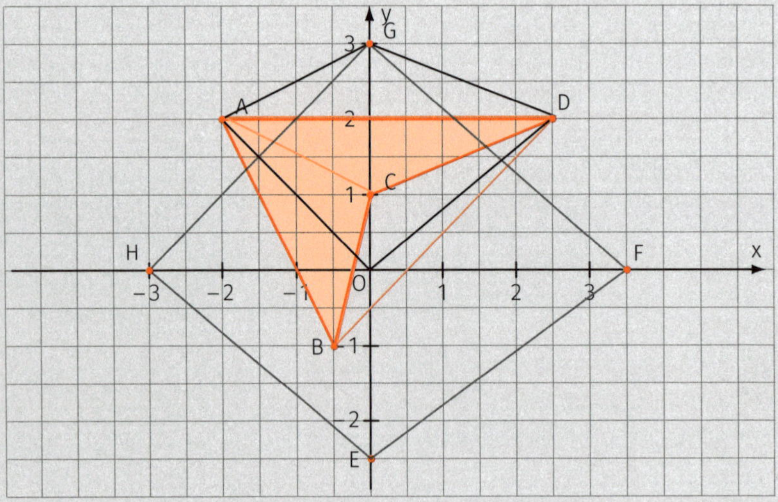

b) $A_{Dreieck1} = \frac{1}{2} \cdot 4{,}5\,\text{cm} \cdot 1\,\text{cm} = \mathbf{2{,}25\,cm^2}$, $A_{Dreieck2} = \frac{1}{2} \cdot 1{,}3 \cdot 3{,}4 = \mathbf{2{,}21\,cm^2}$

$A_{Viereck} = 2{,}25\,\text{cm}^2 + 2{,}21\,\text{cm}^2 = \mathbf{4{,}46\,cm^2}$

2 **Seite 73**

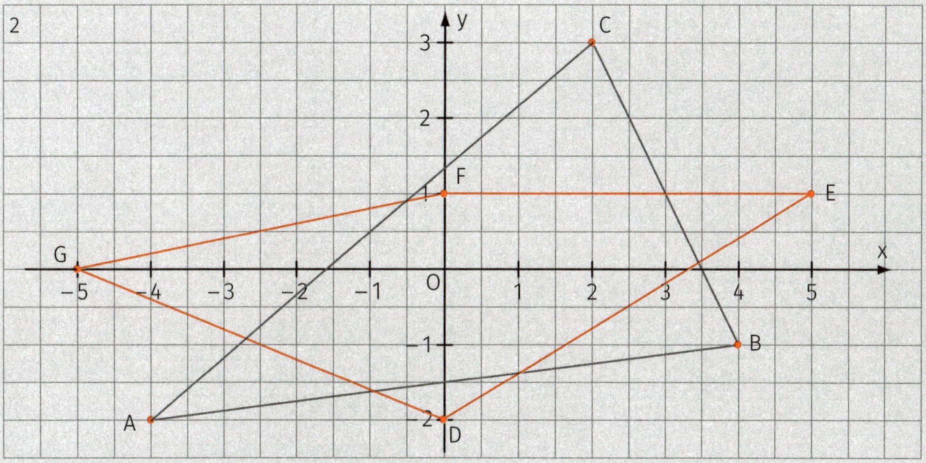

Winkel bei	Dreieck ABC	Viereck EFGH
A bzw. D	**32°**	**128°**
B bzw. E	**71°**	**30°**
C bzw. F	**77°**	**169°**
G	–	**33°**
Summe	**180°**	**360°**
Umfang	8,1 + 4,5 + 7,8 = **20,4 cm**	5,4 + 5,9 + 5 + 5,1 = **21,4 cm**
Flächeninhalt	$\frac{1}{2} \cdot 8{,}1 \cdot 4{,}2 =$ **17,01 cm²**	$A_{\text{Dreieck GCF}} = \frac{1}{2} \cdot 5 \cdot 3 = 7{,}5$ $A_{\text{Dreieck DEF}} = \frac{1}{2} \cdot 5 \cdot 3 = 7{,}5$ $A_{\text{Viereck}} =$ **15 cm²**

3 a) w b) w c) f d) f e) w **Seite 75**

4 a) M(**−1**|**−2**); r = **2** cm; d = **4** cm b) M(**−1**|**1**); r = **1** cm; d = **2** cm
c) M(**2**|**2**); r = **1** cm; d = **2** cm d) M(**0**|**0**); r = **3** cm; d = **6** cm

5 **Seite 76**

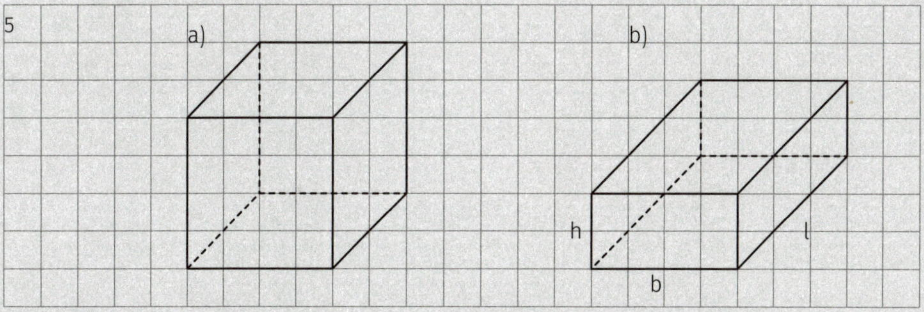

Seite 77 6 Es handelt sich um zwei (gleiche) Quader.

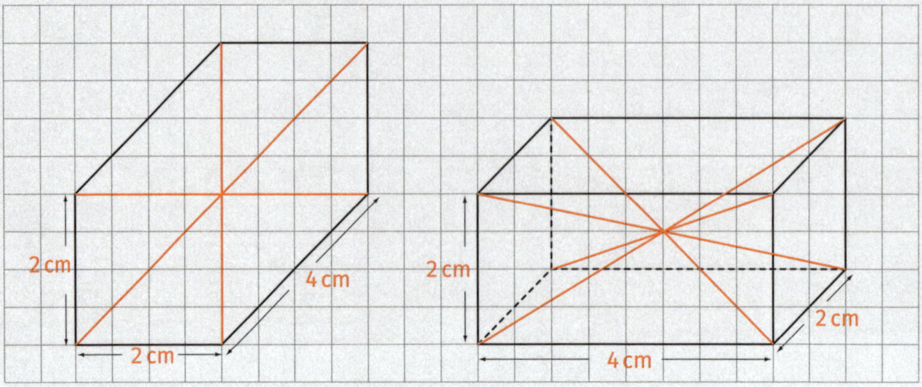

7

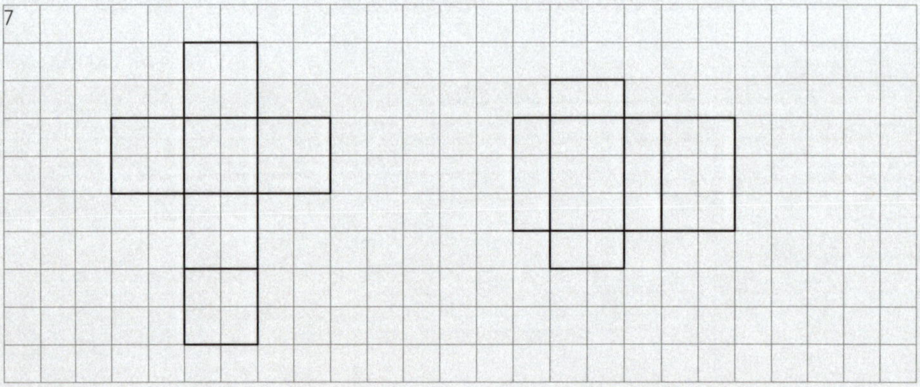

8 a) $V = 3\,cm \cdot 3\,cm \cdot 3\,cm =$ **$27\,cm^3$**; $O = 6 \cdot (3\,cm \cdot 3\,cm) =$ **$54\,cm^2$**

b) $V = 10\,cm \cdot 10\,cm \cdot 10\,cm =$ **$1000\,cm^3$** $O = 6 \cdot (10\,cm \cdot 10\,cm) =$ **$600\,cm^2$**

c) $V = 2\,cm \cdot 2\,cm \cdot 2\,cm =$ **$8\,cm^3$** $O = 6 \cdot (2\,cm \cdot 2\,cm) =$ **$24\,cm^2$**

Seite 77 9

	a)	b)	c)	d)	e)
Länge	3 cm	4 cm	1 cm	50 cm	1 m
Breite	4 cm	2 cm	10 cm	1 m	2 m
Höhe	5 cm	4 cm	1 cm	20 cm	3 m
Volumen	**$60\,cm^3$**	**$32\,cm^3$**	**$10\,cm^3$**	**$1000\,cm^3$**	**$6\,m^3$**
Oberfläche	**$94\,cm^2$**	**$64\,cm^2$**	**$42\,cm^2$**	**$2140\,cm^2$**	**$22\,m^2$**

Seite 78 10 a) wahr

b) falsch: Die Kanten, die nach hinten verlaufen, sind verkürzt angezeichnet und können nicht direkt abgemessen werden.

c) wahr

d) falsch

11 a) $V = 1\,cm \cdot 4\,cm \cdot 4\,cm + 2\,cm \cdot 1\,cm \cdot 2\,cm = 16\,cm^3 + 4\,cm^3 =$ **$20\,cm^3$**

$O = 4\,cm \cdot 4\,cm + 4 \cdot 4\,cm \cdot 1\,cm + (4\,cm \cdot 4\,cm - 2\,cm \cdot 2\,cm) + 4 \cdot 2\,cm \cdot 1\,cm + 2\,cm \cdot 2\,cm$
$=$ **$56\,cm^2$**

b) $V = 3\,cm \cdot 3\,cm \cdot 3\,cm - (3\,cm \cdot 1{,}5\,cm \cdot 1\,cm) = 27\,cm^3 - 4{,}5\,cm^3 =$ **$22{,}5\,cm^3$**

$O = 6 \cdot 3\,cm \cdot 3\,cm - 2 \cdot 1{,}5\,cm \cdot 1\,cm = 54\,cm^2 - 3\,cm^2 =$ **$51\,cm^2$**

Training plus

Seite 79

60 Alle Innenwinkel sind gleich groß (rechtwinklig), alle Seiten und alle Diagonalen sind gleich lang, die Diagonalen halbieren sich gegenseitig, die Gegenseiten sind parallel.

61 Man teilt es in zwei Dreiecke auf und addiert deren Flächeninhalte.

62 Die Voraussetzung des Parallelogramms (gegenüberliegende Seiten sind parallel) ist erfüllt.

63 Die Diagonale ist die Strecke zweier nicht benachbarter Eckpunkte, die innerhalb einer Fläche verläuft. Die Raumdiagonale ist die Strecke zwischen zwei Eckpunkten eines Körpers, die zu keiner Begrenzungsfläche parallel ist und innerhalb des Körpers verläuft.

64 Quadrat, Rechteck, Parallelogramm und Raute.

65 $A = \frac{1}{2} \cdot a \cdot h_a$ oder $A = \frac{1}{2} \cdot b \cdot h_b$ oder $A = \frac{1}{2} \cdot c \cdot h_c$; allgemein: $A = \frac{1}{2} \cdot g \cdot h$

66 Gegenüberliegende Seiten sind parallel; gegenüberliegende Winkel sind gleich groß; die Diagonalen halbieren sich gegenseitig. (Ist eine dieser drei Eigenschaften vorhanden, so sind alle dieser drei Eigenschaften vorhanden.)

67 Zwei Richtungen (Breite und Höhe) liegen in der Zeichenebene, die Strecken und Winkel in dieser Ebene werden in wahrer Größe gezeichnet. Die 3. Richtung (Tiefe) wird unter einem Winkel von 45° gezeichnet, die Strecken werden verkürzt dargestellt: eine Einheit entspricht einer Kästchendiagonalen. Nicht sichtbare Kanten werden gestrichelt gezeichnet.
(Bei Winkel und Verkürzungsfaktor gibt es manchmal andere Vorgaben.)

68 Für einen Würfel mit Seitenlänge a gilt: $V = a^3$; $O = 6 \cdot a^2$
Für einen Quader mit der Länge l, der Breite b und der Höhe h gilt:
$V = l \cdot b \cdot h$; $O = 2 \cdot h \cdot b + 2 \cdot h \cdot l + 2 \cdot b \cdot l$

69 Dreieck: 180°, Viereck: 360°

Abschlusstest

Seite 80

1 $A_1 = \frac{1}{2} \cdot 4\,cm \cdot 3\,cm = 6\,cm^2$

$A_2 = \frac{1}{2} \cdot 5{,}5 \cdot 2{,}6 = 7{,}15\,cm^2$

$A_3 = \frac{1}{2} \cdot 1\,cm \cdot 1{,}5\,cm = 0{,}75\,cm^2$

A_{gesamt} = **$13{,}9\,cm^2$**

Zeichnung siehe rechts oben.

2 $A = 1{,}8\,cm \cdot 4{,}5\,cm$ = **$8{,}1\,cm^2$**
Zeichnung siehe rechts unten.

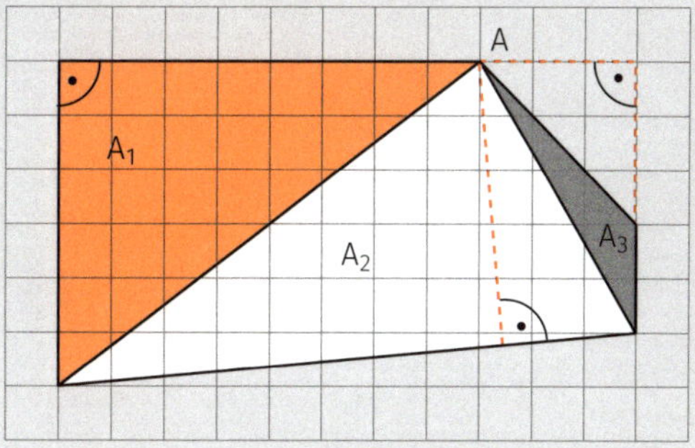

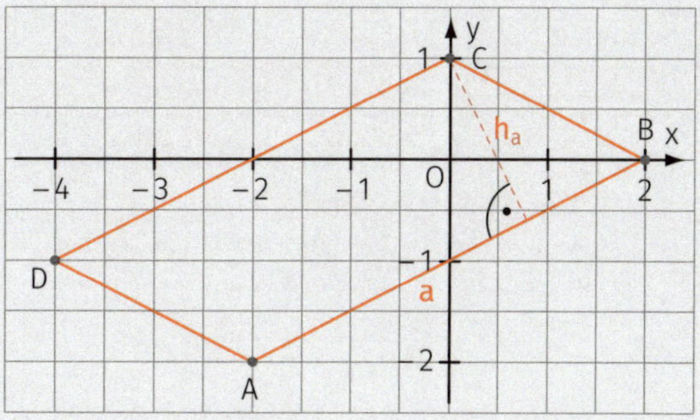

3 Zeichnung siehe unten.
Beispiele für die Punkte:
Punkte innerhalb aller drei Kreise: A(1 | 0,5), B(1 | 1), C(1,5 | 0)
Punkte innerhalb von K_1 und K_2, aber nicht von K_3: D(1 | −1), E(0,5 | −0,5), F(0,5 | −1)
Punkte, die nur innerhalb von K_1 liegen: G(−2 | 3), H(−3 | −2), I(−4 | 2)

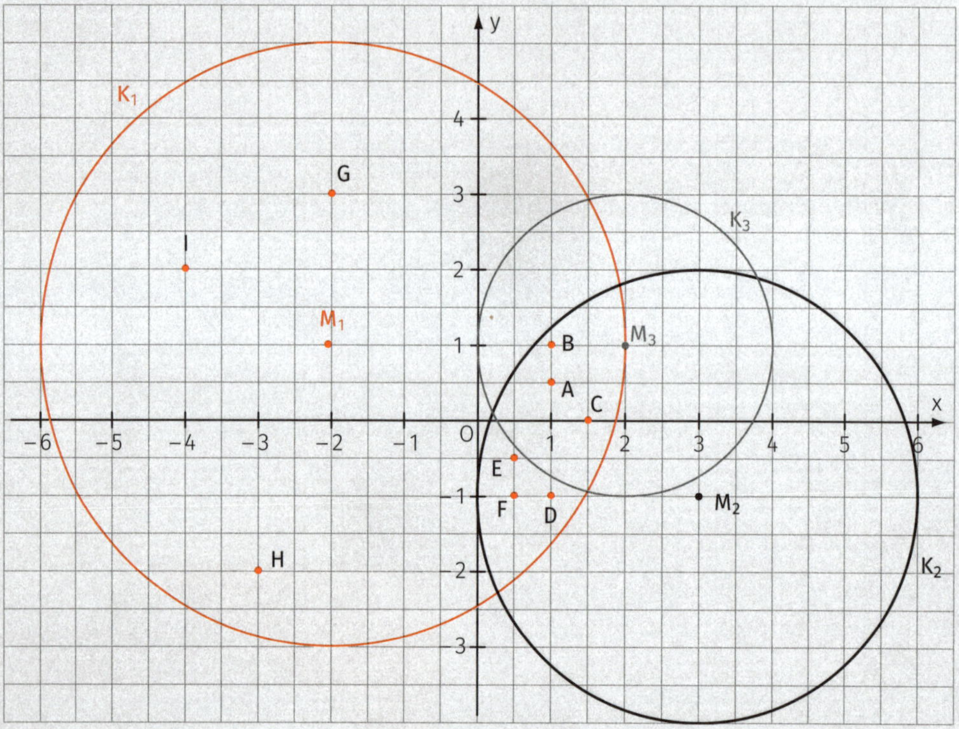

Seite 81 4

	Q_1	Q_2	Q_3	Q_4	Q_5
Länge	3 cm	2 cm	2 cm	**2 cm**	12 cm
Breite	5 cm	4 cm	3 cm	**3 cm**	20 cm
Höhe	6 cm	**5 cm**	**2 cm**	5 cm	100 cm
Volumen	**90 cm³**	40 cm³	**12 cm³**	30 cm³	**24 000 cm³**
Oberfläche	**126 cm²**	**76 cm²**	32 cm²	62 cm²	**6880 cm²**

5 $V = 2\,cm \cdot 1\,cm \cdot 1\,cm = \mathbf{2\,cm^3}$
$O = 4 \cdot 2\,cm \cdot 1\,cm + 2 \cdot 1\,cm \cdot 1\,cm = 8\,cm^2 + 2\,cm^2 = \mathbf{10\,cm^2}$
Grafik (Ausschnitt) siehe rechts.

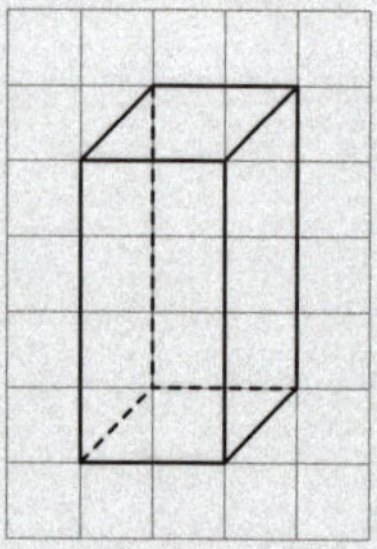

6 a) $V = 8 \cdot 1\,cm \cdot 1\,cm \cdot 2\,cm = 16\,cm^3$
$\Rightarrow$ Der Buchstabe ist $16 \cdot 20\,g =$ **320 g** schwer.
b) $V = 12 \cdot 1\,cm \cdot 1\,cm \cdot 2\,cm = 24\,cm^3$
$\Rightarrow$ Der Buchstabe ist $24 \cdot 20\,g =$ **480 g** schwer.

29 – 23 Punkte	22 – 15 Punkte	unter 15 Punkte
sehr gut bis gut	befriedigend bis ausreichend	nicht mehr ausreichend

Kapitel 8: Flächen und Umfang

1 a) **A = 56,95 cm²; u = 30,4 cm** b) **A = 72,96 m²; u = 40 m** Seite 82
c) **A = 88,36 dm²; u = 37,6 dm**.

2 a) Zaunlänge: 156,4 m. Damit kostet der Zaun $156{,}4 \cdot 12{,}50\,€ =$ **1955 €**.
b) Flächeninhalt: 1485,25 m²; Zahl der Kühe = $1485{,}25 : 200 = 7{,}4 \approx$ **7 Kühe**

3 a) $A = \frac{1}{2} \cdot 5\,cm \cdot 3\,cm =$ **7,5 cm²** (30 Kästchen); Seite 83
b) $A = \frac{1}{2} \cdot 3\,cm \cdot 2{,}5\,cm =$ **3,75 cm²** (15 Kästchen);

4 a) $A = 9{,}4\,m \cdot 3{,}5\,m =$ **32,9 m²; u = 28,2 m** Seite 84
b) $A = 6{,}3\,cm \cdot 12{,}8\,cm =$ **80,64 cm²; u = 49 cm**
(Beachte: 1,28 dm = 12,8 cm)

5 Rechteckfläche: 15 cm²; Parallelogrammfläche: 15 cm². Beide Flächen sind gleich groß. Wenn man vom Rechteck das grüne Dreieck abschneidet und an der anderen Seite anfügt, erhält man das Parallelogramm.

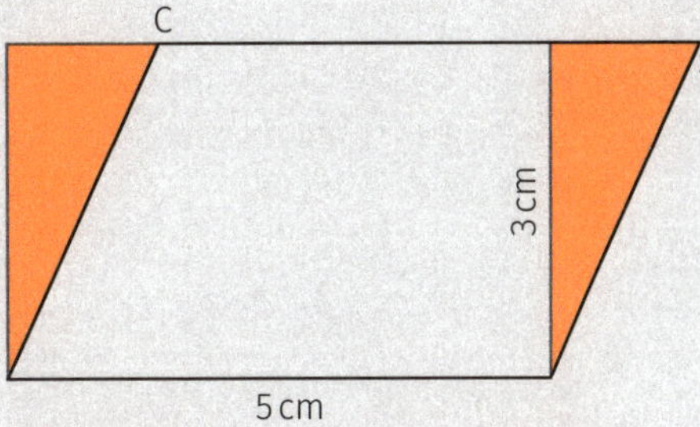

6 Die Strecke d erhält man, indem man eine Parallele zu b mit Abstand 1 cm zeichnet. In der Skizze sind: 24 m ≙ 2,4 cm; 30 m ≙ 3,0 cm; 5 m ≙ 0,5 cm; 21 m ≙ 2,1 cm und 10 m ≙ 1 cm. Der Zeichnung entnimmt man, dass die Grundseite des Parallelogramms **1,35 cm** lang ist. Das entspricht 13,5 m. Somit ist der Flächeninhalt der Straße (= Parallelogramm): $13{,}5\,m \cdot 21\,m =$ **283,5 m²**.

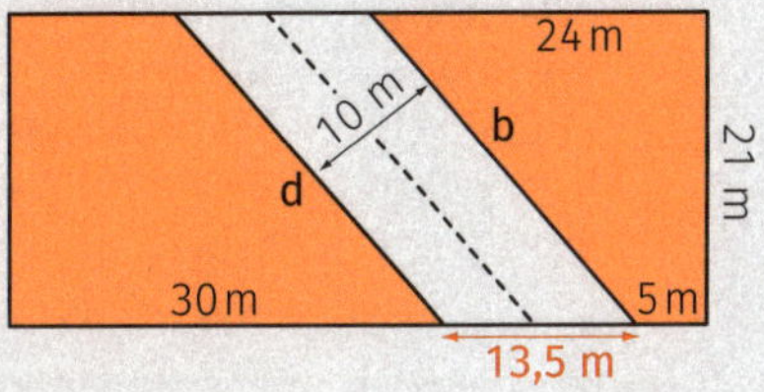

7 a) $A = \frac{1}{2} \cdot (5{,}5\,cm + 3\,cm) \cdot 2{,}5\,cm =$ **10,625 cm²** (42,5 Kästchen); Seite 85
b) Beachte, dass das Trapez um 90° gedreht ist und seitlich liegt.
$A = \frac{1}{2} \cdot (2{,}5\,cm + 1{,}5\,cm) \cdot 4\,cm =$ **8 cm²** (32 Kästchen);

8 a) $A = \frac{1}{2} \cdot (5{,}9\,cm + 2{,}8\,cm) \cdot 3\,cm =$ **13,05 cm²; u = 16,7 cm**
b) Trapez liegt seitlich! $A = \frac{1}{2} \cdot (5{,}2\,m + 2\,m) \cdot 7{,}8\,m =$ **28,08 m²; u = 23,4 m**
c) $A = \frac{1}{2} \cdot (47\,cm + 21\,cm) \cdot 102\,cm =$ **3468 cm² = 34,68 dm²; u = 295 cm = 29,5 dm**

9 Inhalt der Querschnittsfläche $= \frac{1}{2} \cdot (20{,}5\,m + 3{,}5\,m) \cdot 6{,}7\,m =$ **80,4 m²**

10 a) $A = \frac{1}{2} \cdot 7{,}6\,cm \cdot 12{,}4\,cm =$ **47,12 cm²; u = 29,6 cm** Seite 86
b) $A = \frac{1}{2} \cdot 8{,}2\,m \cdot 4{,}1\,m =$ **16,81 m²; u = 18,4 m**
c) $A = \frac{1}{2} \cdot 32\,cm \cdot 106\,cm =$ **1696 cm²; u = 224 cm**

11 Pauls Drachen hat den Flächeninhalt $\frac{1}{2} \cdot 38\,cm \cdot 70\,cm =$ **1330 cm²**.
Martins Drachen hat den Flächeninhalt $\frac{1}{2} \cdot 45\,cm \cdot 62\,cm =$ **1395 cm²**.
Martins Drachen ist somit größer. Paul hat nicht recht!

12 Kreisfläche: $\pi \cdot (2\,cm)^2 \approx 12{,}56\,cm^2$. Das sind etwas mehr als 50 Kästchen. Seite 87

13 a) A = 78,5 cm², u = 31,4 cm b) A = 227 m², u = 53,4 m c) A = 201 cm², u = 50,2 cm d) A = 1017,4 mm², u = 113 mm

14 a) Die Figur besteht aus einem Halbkreis und einem Rechteck. Der Radius des Halbkreises ist $r = 5\,\text{cm}$. Somit folgt:
Flächeninhalt: $A = \pi \cdot (5\,\text{cm})\text{\textasciicircum 2\$} : 2 + 7{,}5\,\text{cm} \cdot 10\,\text{cm} = 39{,}25\,\text{cm}^2 + 75\,\text{cm}^2 = \mathbf{114{,}25\,cm^2}$
Umfang: $u = 2 \cdot \pi \cdot 5\,\text{cm} : 2 + 2 \cdot 7{,}5\,\text{cm} + 10\,\text{cm} = 15{,}7\,\text{cm} + 25\,\text{cm} = \mathbf{40{,}7\,cm}$

b) Die Figur besteht aus einem Halbkreis und einem Dreieck. Der Radius des Halbkreises ist $r = 12{,}5\,\text{cm}$. Somit folgt:
Flächeninhalt $A = \pi \cdot (12{,}5\,\text{cm})\text{\textasciicircum 2\$} : 2 + \frac{1}{2} \cdot 25\,\text{cm} \cdot 30\,\text{cm} = 245{,}3\,\text{cm}^2 + 375\,\text{cm}^2 = \mathbf{620{,}3\,cm^2}$;
Umfang $u = 2\pi \cdot 12{,}5\,\text{cm} : 2 + 2 \cdot 32{,}5\,\text{cm} = 39{,}25\,\text{cm} + 65\,\text{cm} = \mathbf{104{,}25\,cm}$.

15 Kreise mit 4 cm Durchmesser: $\left[\frac{1}{2} + \frac{1}{4} + 1\right] \cdot ((2\,\text{cm})\text{\textasciicircum 2\$} \cdot \pi) = 1{,}75 \cdot 12{,}56\,\text{cm}^2 = 21{,}98\,\text{cm}^2$
Kreise mit 2,5 cm Durchmesser: $\left[\frac{1}{2} + \frac{1}{2} + 1\right] \cdot ((1{,}25\,\text{cm})\text{\textasciicircum 2\$} \cdot \pi) = 2 \cdot 4{,}91\,\text{cm}^2 = 9{,}82\,\text{cm}^2$
Die Fläche aller Löcher ist $31{,}80\,\text{cm}^2$.
Die Rechteckfläche ist $9\,\text{cm} \cdot 15\,\text{cm} = 135\,\text{cm}^2$ (100 %).
Damit ist der prozentuale Anteil der Löcher **23,6 %**. Susi hat also übertrieben.

Seite 88

Training plus

70 Flächeninhalt eines Rechtecks: $A = \text{Länge} \cdot \text{Breite} = a \cdot b$
Flächeninhalt eines Quadrats: $A = \text{Seitenlänge} \cdot \text{Seitenlänge} = a \cdot a = a^2$
71 Flächeninhalt eines beliebigen Dreiecks: $A = \frac{1}{2} \cdot \text{Grundseite} \cdot \text{Höhe} = \frac{1}{2} \cdot g \cdot h$
72 Bei der Flächenberechnung rechtwinkliger Dreiecke kann man die beiden kurzen Seiten als Grundseite bzw. Höhe betrachten.
73 Man muss die Grundseite verlängern, weil die Höhe außerhalb des Dreiecks liegt.
74 Flächeninhalt eines Parallelogramms: $A = \text{Grundseite} \cdot \text{Höhe} = g \cdot h$
75 Flächeninhalte eines Trapezes: $A = \frac{1}{2} \cdot (a + c) \cdot h$
76 Flächeninhalt eines Drachens: $A = \frac{1}{2} \cdot e \cdot f$
77 Der Umfang eines beliebigen Vielecks ist immer die Summe seiner Seitenlängen.
78 Flächeninhalt eines Kreises: $A = \pi \cdot r^2$; Umfang eines Kreises: $u = 2 \cdot \pi \cdot r$

Abschlusstest

Seite 89

1 a) Schlafzimmer = $8{,}75\,\text{m}^2$
Bad = $6{,}25\,\text{m}^2$
Flur = $7{,}5\,\text{m}^2 + 3{,}75\,\text{m}^2 = 11{,}25\,\text{m}^2$
Küche = $8{,}75\,\text{m}^2$
Wohnzimmer = $20\,\text{m}^2$
Gesamtfläche = $55\,\text{m}^2$
Miete = 398,75 €
oder:
$A = 10{,}5\,\text{cm} \cdot 5\,\text{m} + 2{,}5\,\text{m} \cdot 1\,\text{m}$
$= 52{,}5\,\text{m}^2 + 2{,}5\,\text{m}^2 = 55\,\text{m}^2$

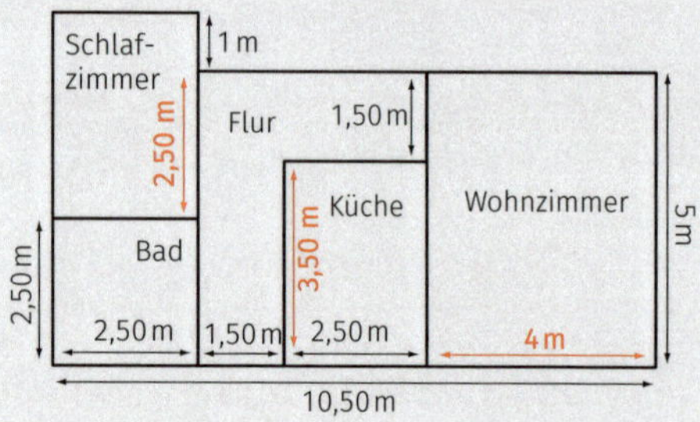

b) Teppichfläche: $55\,\text{m}^2 - (6{,}25\,\text{m}^2 + 8{,}75\,\text{m}^2) = \mathbf{40\,m^2}$

2 a) $A = A_1 + A_2 = 12{,}25\,m^2 + 35\,m^2 =$ **$47{,}25\,m^2$**
b) $A = A_1 + A_2 = 6{,}28\,m^2 + 27\,m^2 =$ **$33{,}28\,m^2$**

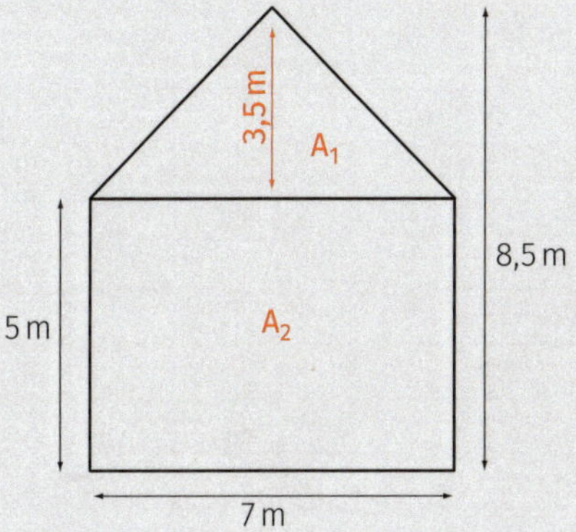

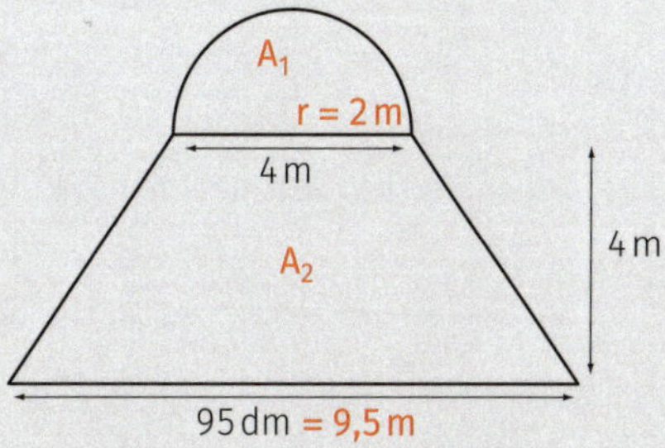

Seite 89

3 $A_1 = 5\,cm^2$
$A_2 = 2{,}1\,cm^2$
$A_3 = 7{,}44\,cm^2$
$A_4 = 7{,}83\,cm^2$
$A_5 = 0{,}72\,cm^2$
$A_6 = 2{,}1\,cm^2$
Gesamtfläche = $25{,}19\,cm^2$

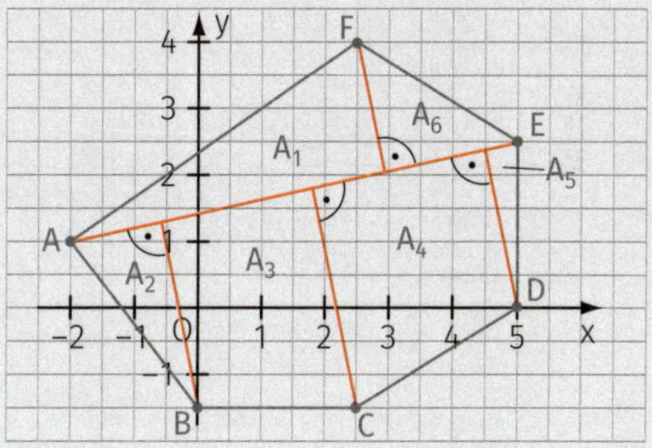

4 a) Die markierte Fläche ist die Kreisfläche minus der Quadratfläche:
$A = \pi \cdot (3\,cm)^2 - (4{,}24\,cm)^2 =$ **$10{,}28\,cm^2$**.
Umfang = Kreisumfang + Quadratumfang: $u = 2\pi \cdot 3\,cm + 4 \cdot 4{,}24\,cm =$ **$35{,}8\,cm$**
b) Die markierte Fläche ist die Fläche eines Viertelquadrats minus der Fläche des Viertelkreises: $A = (8\,cm)^{2\$} - \pi \cdot (8\,cm)^{2\$} : 4 =$ **$13{,}76\,cm^2$**.
Der Umfang besteht aus einem Viertelkreisbogen plus 2 halben Quadratseiten:
$u = 2 \cdot \pi \cdot 8\,cm : 4 + 16\,cm =$ **$28{,}56\,cm$**.

24–20 Punkte	**19–13 Punkte**	**unter 13 Punkte**
sehr gut bis gut	befriedigend bis ausreichend	nicht mehr ausreichend

Kapitel 9: Symmetrie

Seite 90 1 (Rechte Winkel sind hier wegen der Übersichtlichkeit nur bei F markiert.)

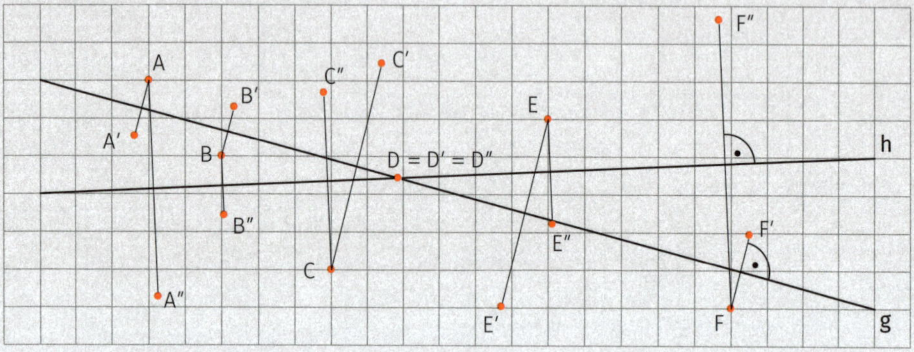

Seite 91 2

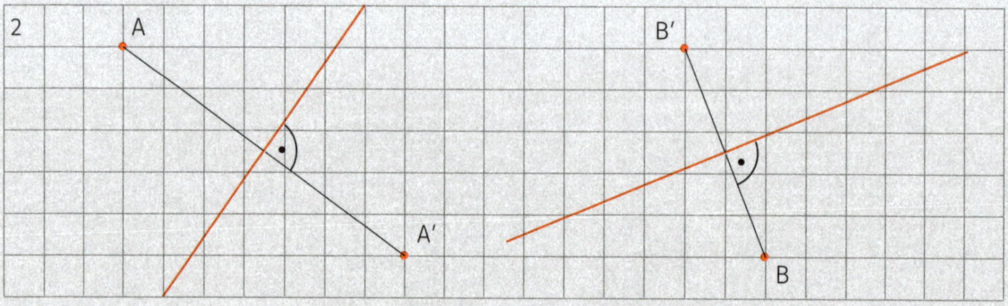

3 a) Spiegelung an der x-Achse:
A′(3|−3), B′(2|−1), C′(−1|2)

b) Spiegelung an der y-Achse:
A″(−3|3), B″(−2|1), C″(1|−2)
(siehe Grafik rechts)

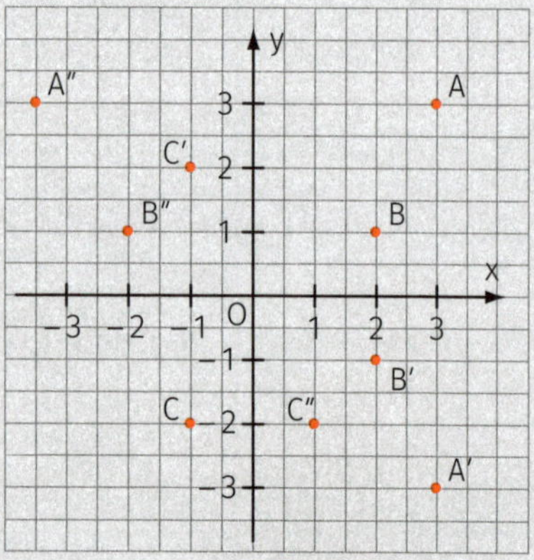

4 a) und b) ergeben (zufällig) dieselbe Bildfigur. Es sind nicht alle rechten Winkel markiert.

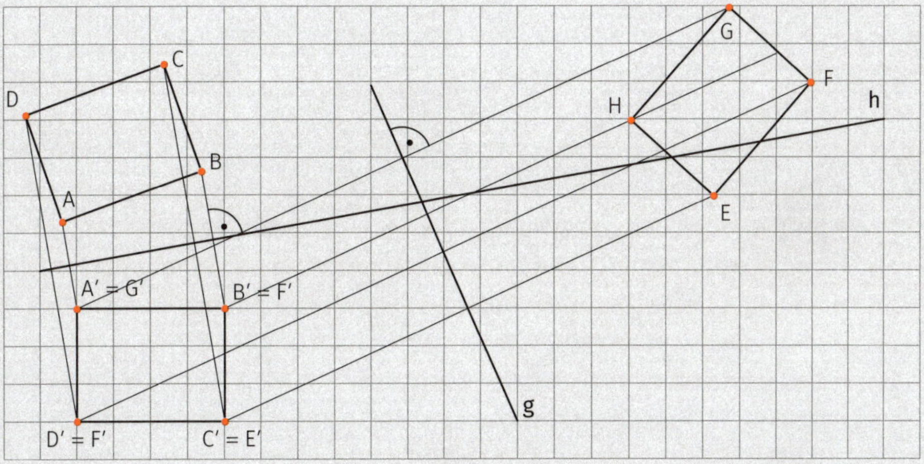

5

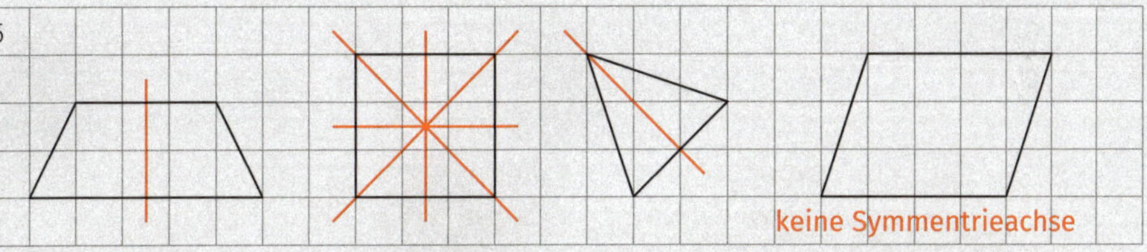

Seite 92

6

Buchstabe	H	A	B	R	S	U	W
Anzahl der Symmetrieachsen	2	1	1	0	0	1	1

7

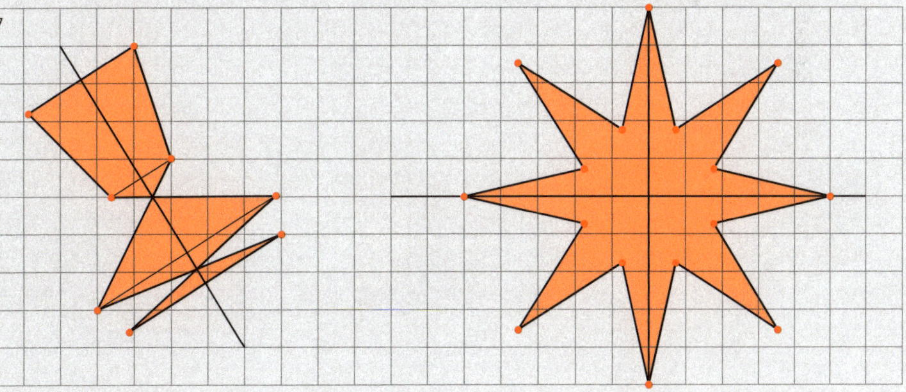

8

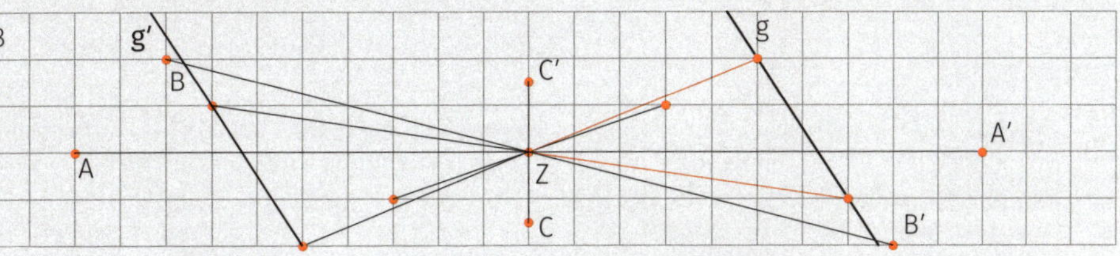

Seite 93

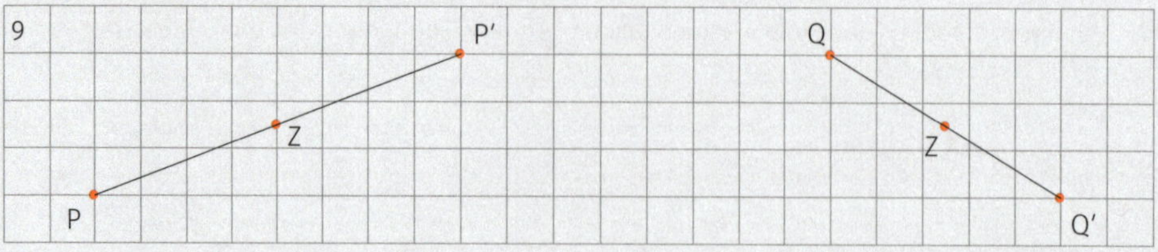

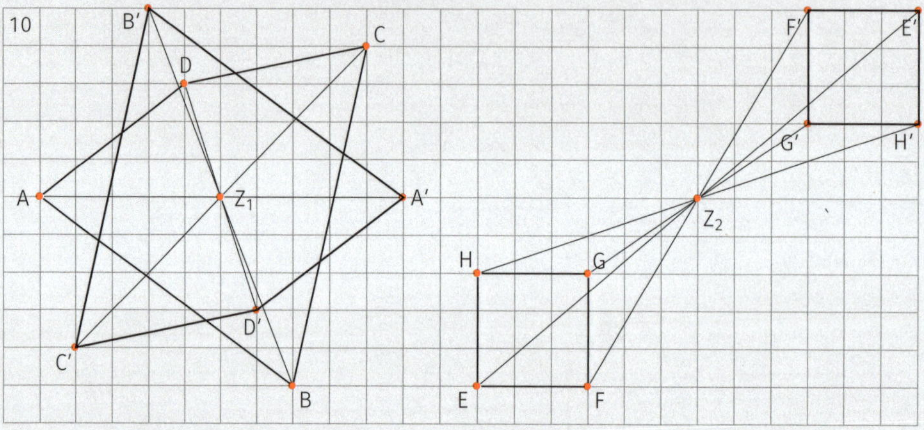

Seite 94

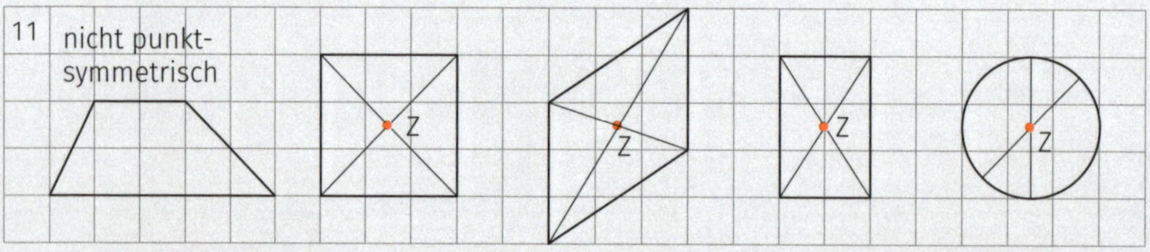

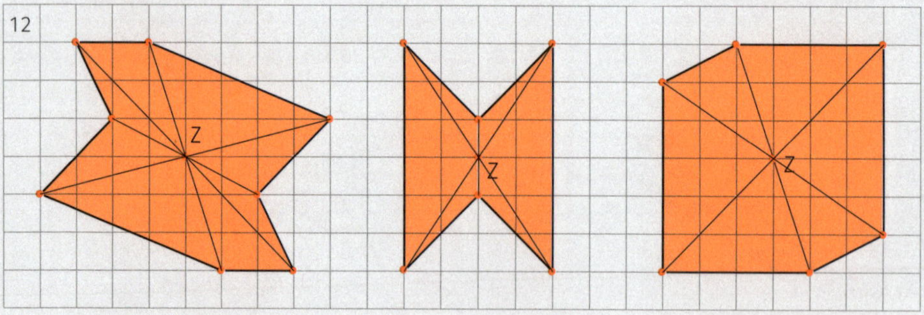

13 Bei Achsenspiegelungen verändert sich der Drehsinn, bei Punktspiegelungen nicht.

Seite 95

Training plus

79 Man fällt von P auf g das Lot. Der Schnitt der Lotgerade durch P auf g mit g heißt Lotfußpunkt F. Verdoppelt man die Strecke von P nach F, so erhält man den Spiegelpunkt P' von P.

80 Man spiegelt zwei beliebige Punkte der Geraden und verbindet diese zur Spiegelgeraden.

81 Ja, alle Quadrate sind achsensymmetrisch.

82 Dreiecke sind in der Regel nicht achsensymmetrisch. (Ausnahmen sind das gleichschenklige Dreieck mit einer Symmetrieachse und das gleichseitige Dreieck mit drei Symmetrieachsen.)

83 Eine ebene Figur ist punktsymmetrisch zum Zentrum Z, wenn jeder Punkt der Figur, der an Z gespiegelt wird, wieder ein Punkt der Figur ist.
84 Das gleichseitige Dreieck hat drei Symmetrieachsen.
85 Alle Quadrate sind punktsymmetrisch zum Mittelpunkt, dem Schnittpunkt der Diagonalen.
86 Nein: Die Streckenlängen bleiben bei der Spiegelung gleich lang, sodass auch der Flächeninhalt, der ja über die Streckenlängen berechnet wird, gleich groß bleibt. Auch die Winkel bleiben erhalten.
87 Ja: Das Zentrum ist die Mitte der Strecke vom Punkt zu seinem Bildpunkt
88 Wenn man vom Anfangspunkt A über die Punkte B, C, ... wieder zu A gelangt und dieser Umlauf gegen den Uhrzeigersinn läuft, spricht man von einem mathematisch positiven Umlaufsinn. Ist die Richtung im Uhrzeigersinn, ist der Umlaufsinn mathematisch negativ.
Ja, das Dreieck erhält bei der Geradenspiegelung einen anderen Umlaufsinn.
(Jede andere Figur natürlich auch.)

Abschlusstest

Seite 96

1

	I	W	O	E	H	S	3
punktsymmetrisch	x	–	x	–	x	x	–
achsensymmetrisch	x	x	x	x	x	–	x
mehrere Achsen	x	–	x	–	x	–	–

2

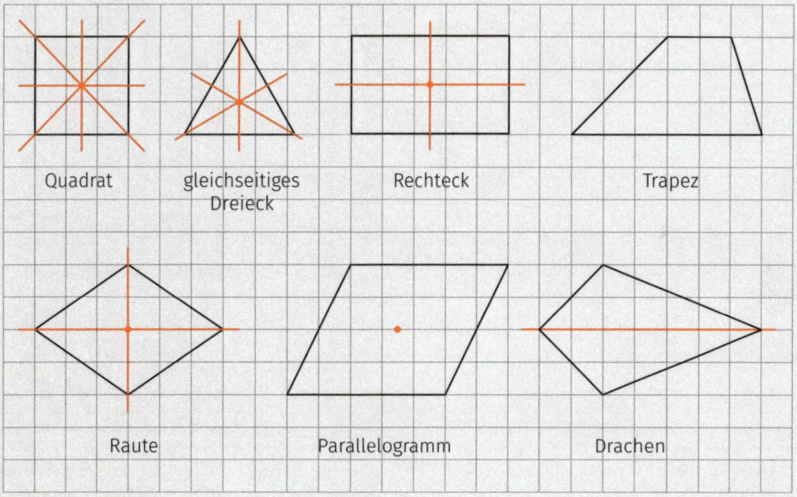

Figur	Anzahl der Symmetrieachsen	Punktsymmetrie
Quadrat	4	ja, im Mittelpunkt
gleichseitiges Dreieck	3	ja, im Schnittpunkt zweier Symmetrieachsen
Rechteck	2	ja, im Mittelpunkt
Trapez	–	–
Raute	2	ja, im Diagonalenschnittpunkt
Parallelogramm	–	ja, im Diagonalenschnittpunkt
Drachen	1	–

Seite 97 3 a)

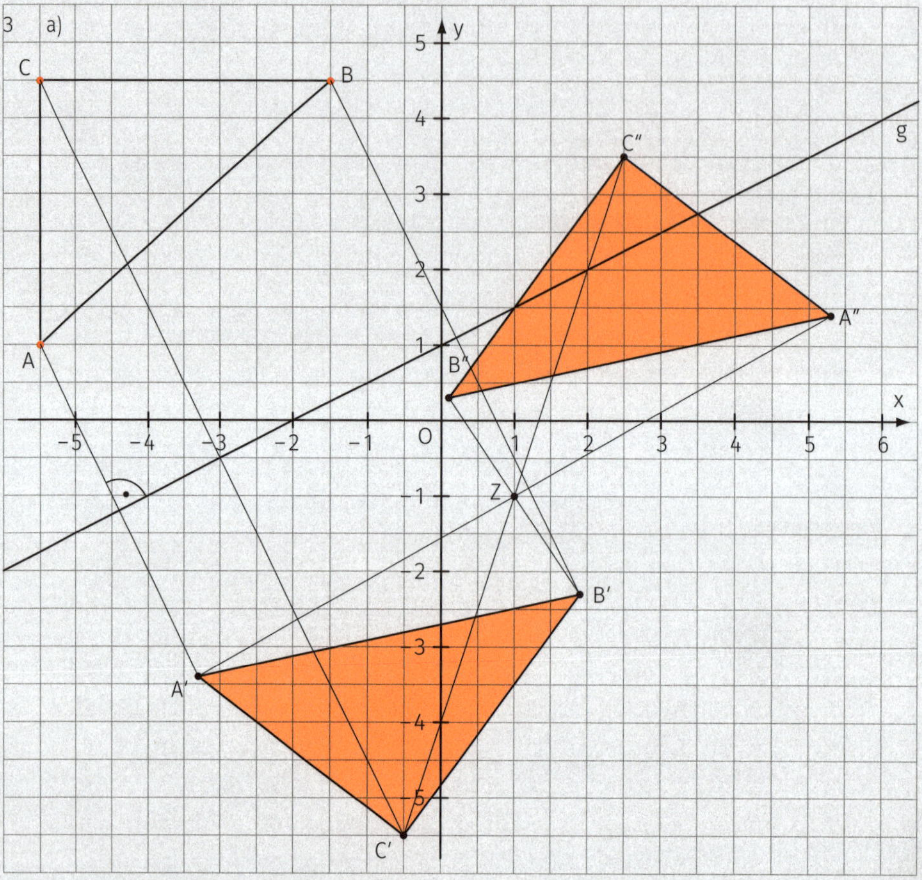

b) ABC → A′B′C′: Der Umlaufsinn ändert sich von positiv nach negativ (da es sich um eine Achsenspiegelung handelt.
A′B′C′ → A″B″C″: Der Umlaufsinn (negativ) ändert sich nicht (da es sich um eine Punktspiegelung handelt.

c)

Dreieck	ABC	A′B′C′	A″B″C″
Umfang	4 + 3,5 + 5,3 = 12,8 cm	4 + 3,5 + 5,3 = 12,8 cm	4 + 3,5 + 5,3 = 12,8 cm
Flächeninhalt	$\frac{1}{2} \cdot 4 \cdot 3{,}5 = 7\,\text{cm}^2$	$\frac{1}{2} \cdot 4 \cdot 3{,}5 = 7\,\text{cm}^2$	$\frac{1}{2} \cdot 4 \cdot 3{,}5 = 7\,\text{cm}^2$

Es fällt auf, dass sich Umfang und Flächeninhalt bei Achsen- und Punktspiegelung *nicht* verändern.

28 – 22 Punkte	21 – 14 Punkte	unter 14 Punkte
sehr gut bis gut	befriedigend bis ausreichend	nicht mehr ausreichend

Kapitel 10: Daten erheben und auswerten

Aufgaben

1 a) sicher* b) zufällig c) zufällig d) sicher Seite 98
e) zufällig f) zufällig g) sicher
* zu a): Es liegen immer 42 Tage (6 Wochen) zwischen Ostern und Pfingsten.

2 Seite 99

	Merkmal	Stichprobenumfang	Ergebnisse
a)	**Gewicht der Schultasche**	**57**	**kleiner oder gleich 10 kg** **mehr als 10 kg**
b)	**Anzahl der Fernsehgeräte**	**nicht bekannt**	**0; 1 ; 2; 3; 4; 5; 6; mehr als 6**
c)	**Augenzahl**	**200**	**1; 2, 3; 4; 5; 6**
d)	**Bahnsteig**	**35**	**Gleis 1; Gleis 2; Gleis 3**

3

Grundmenge	Münzen	Schüler/innen	Schüler/innen in Adorf	Tennisspiele
Merkmal	Lage	Verkehrsmittel	Zeitaufwand	Anzahl Sätze
Ergebnisse (was alles beim Merkmal möglich ist)	**Wappen, Zahl**	**Bus, Fahrrad, zu Fuß, Zug, andere Verkehrsmittel**	**kein Zeitaufwand, bis zu einer Stunde, 1 bis 2 Stunden, 2 Stunden und mehr**	**3; 4; 5**

4 a) Noten: Seite 100

Ergebnis	0	1	2	3	4	5
Anzahl	**卌**	**卌**	**卌**	**II**	**III**	**–**
absolute Häufigkeit	5	5	5	2	3	0
relative Häufigkeit	$\frac{5}{20}$	$\frac{5}{20}$	$\frac{5}{20}$	$\frac{2}{20}$	$\frac{3}{20}$	$\frac{0}{20}$

b) Preis einer Brezel:

Ergebnis	55 ct	56 ct	57 ct	58 ct	59 ct	60 ct
Anzahl	**卌 I**	**I**	**–**	**IIII**	**II**	**卌 II**
absolute Häufigkeit	6	1	0	4	2	7
relative Häufigkeit	$\frac{6}{20}$	$\frac{1}{20}$	$\frac{0}{20}$	$\frac{4}{20}$	$\frac{2}{20}$	$\frac{7}{20}$

Seite 102 5 Berechnung der Winkel:
Der Stichprobenumfang beträgt
$23 + 31 + 7 + 6 = 66 \triangleq 360°$.
$z = \frac{23}{66} \cdot 360° \approx 126°$; $p = \frac{7}{66} \cdot 360° \approx 38°$
$a = \frac{31}{66} \cdot 360° \approx 169°$; $s = \frac{5}{66} \cdot 360° \approx 27°$

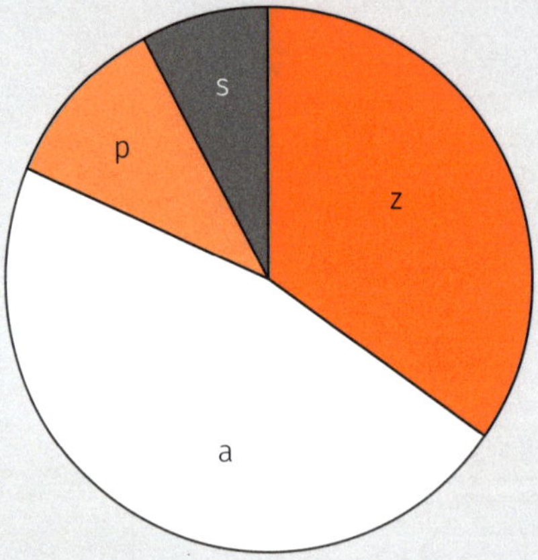

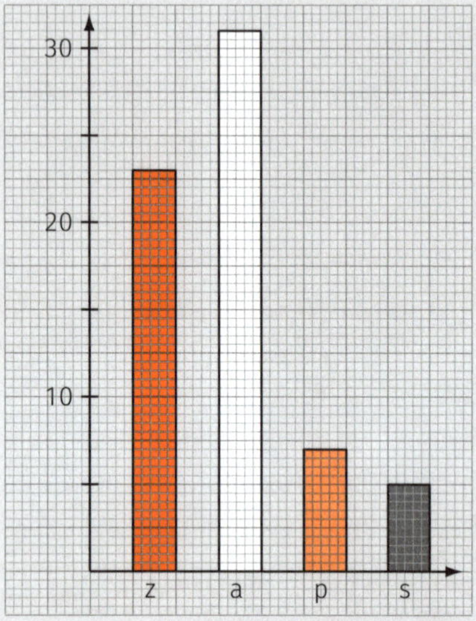

Seite 103 6 geordnete Urlisten:
A-Dorf: −6 °C; −5 °C; −4 °C; −3 °C; −1 °C; 0 °C; 0 °C; 0 °C; 3 °C; 5 °C; 5 °C; 7 °C
B-Stadt: −3 °C; −3 °C; −1 °C; 0 °C; 0 °C; 1 °C; 2 °C; 2 °C; 5 °C; 6 °C; 7 °C, 9 °C;

	arithmetisches Mittel	Median	Modalwert
A-Dorf	0,083	$\frac{1}{2} \cdot (0 + 0) = 0$	0
B-Stadt	1,5	$\frac{1}{2} \cdot (1 + 2) = 1,5$	−3, 0 und 2

Seite 104 **Training plus**

89 Grundmenge: 220; Stichprobenumfang: 68
90 Vorteil: Die Aussagen werden genauer und sicherer.
Nachteil: Die Bearbeitung erfordert höheren Zeit- und Arbeitsaufwand.
91 Es können 6 Ergebnisse vorkommen, nämlich die Augenzahlen 1, 2, 3, 4, 5 und 6.
92 In der Urliste sind die Ergebnisse in der Reihenfolge des Auftretens erfasst, bei der geordneten Urliste sind sie nach der Größe geordnet.
93 Die absolute Häufigkeit eines Ergebnisses sagt aus, wie oft dieses Ergebnis in der Stichprobe auftrat.
94 Man berechnet die relative Häufigkeit eines Ergebnisses, indem man seine absolute Häufigkeit durch den Stichprobenumfang dividiert.
95 Tabelle, Piktogramm, Säulen- oder Kreisdiagramm
96 Das arithmetische Mittel ist der Durchschnitt (Mittelwert) der Ergebnisse. Man addiert alle Werte der Ergebnisse und dividiert durch den Stichprobenumfang.
97 Der Median (Zentralwert) ist der mittlere Wert in einer geordneten Urliste (ungerade Anzahl), bzw. die Hälfte der Summe der zwei mittleren Werte (gerade Anzahl).
98 Der Modalwert ist der Wert, der in einer Urliste am häufigsten vorkommt, also der Wert mit der größten absoluten Häufigkeit.
99 Ja, mehrere Ergebnisse können gleich oft vorkommen, also mit der gleichen (größten) absolute Häufigkeit auftreten.

Abschlusstest

Seite 105

1 a) Es sind 20 Ergebnisse angegeben, man kann also davon ausgehen, dass 20 Haushalte befragt wurden: Der Stichprobenumfang beträgt **20**.

b) Das Merkmal der Untersuchung ist **„Anzahl der Fernsehgeräte pro Haushalt“**.

c) Folgende Ergebnisse traten auf: **kein Fernsehgerät, 1 Fernsehgerät, 2 Fernsehgeräte, 3 Fernsehgeräte, 4 Fernsehgeräte**.

d)

Anzahl der Fernsehgeräte	0	1	2	3	4
absolute Häufigkeit	4	6	4	4	2

e) Mittelwert: $\varnothing = (0 \cdot 4 + 1 \cdot 6 + 2 \cdot 4 + 3 \cdot 4 + 4 \cdot 2) : 20 = 34 : 20 =$ **1,7**

f) geordnete Urliste: 0 0 0 0 1 1 1 1 1 1 2 2 2 2 3 3 3 3 4 4 ; Zentralwert: $\frac{1}{2} \cdot (1 + 2) =$ **1,5**

g) Modalwert: **1** (6-mal)

2

	absolute H.K.	Säulendiagramm	Piktogramm	Kreisdiagramm
a)	s | u | v 20 | 5 | 5	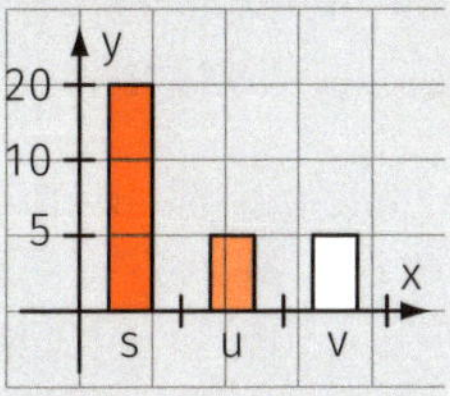	○ = 5 Spiele s: ○○○○ u: ○ v: ○	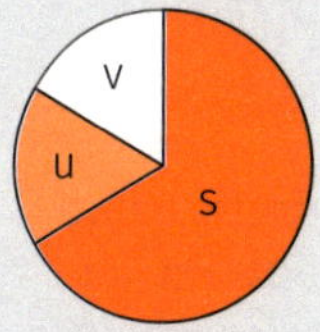
b)	1 | 10 2 | 6 3 | 6 4 | 4 5 | 4 6 | 10	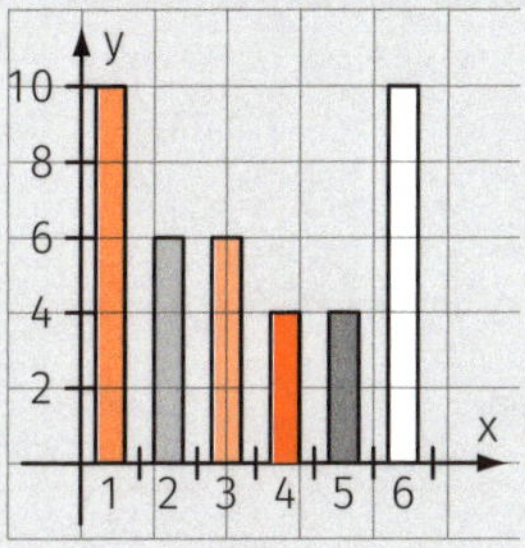	□ zweimal 1: □□□□□ 2: □□□ 3: □□□ 4: □□ 5: □□ 6: □□□□□	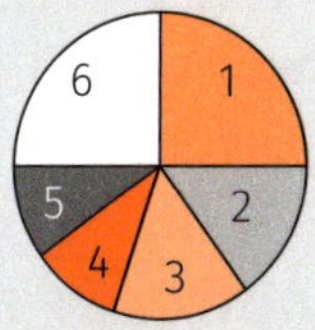

13 – 10 Punkte	**9 – 7 Punkte**	**unter 7 Punkte**
sehr gut bis gut	befriedigend bis ausreichend	nicht mehr ausreichend

Formelsammlung

Kapitel 1: Rechnen mit Brüchen

Bruch	$\frac{a}{b}$ heißt Bruch (mit $a, b \in \mathbb{Z}$ und $b \neq 0$). a ist der Zähler, b ist der Nenner des Bruchs.
Kehrwert	$\frac{b}{a}$ ist der Kehrwert von $\frac{a}{b}$. Es gilt: $\frac{b}{a} \cdot \frac{a}{b} = 1$.
Erweitern	Zähler und Nenner werden mit der gleichen Zahl multipliziert. Es gilt: $\frac{a}{b} = \frac{a \cdot c}{b \cdot c}$, mit $c \neq 0$.
Kürzen	Zähler und Nenner werden durch die gleiche Zahl dividiert. Es gilt: $\frac{a}{b} = \frac{a : c}{b : c}$, wobei a und b teilbar sind durch c ($c \neq 0$).
Addition und Subtraktion gleichnamiger Brüche	Zwei Brüche heißen gleichnamig, wenn sie den gleichen Nenner haben. Es gilt: $\frac{a}{b} + \frac{c}{b} = \frac{a+c}{b}$ bzw. $\frac{a}{b} - \frac{c}{b} = \frac{a-c}{b}$. Ungleichnamige Brüche müssen vor der Addition bzw. Subtraktion auf den kleinsten gemeinsamen Nenner (= Hauptnenner) erweitert werden.
Multiplikation und Division	$\frac{a}{b} \cdot \frac{c}{d} = \frac{a \cdot c}{b \cdot d}$ und $\frac{a}{b} : \frac{c}{d} = \frac{a}{b} \cdot \frac{d}{c} = \frac{a \cdot d}{b \cdot c}$

Kapitel 2: Dezimalbrüche

Dezimalschreibweise	Die Stellen rechts vom Komma geben die Zehntel, Hundertstel, Tausendstel, ... an, z. B. $1{,}375 = 1 + \frac{3}{10} + \frac{7}{100} + \frac{5}{1000}$.
Größenvergleich	Von zwei Dezimalbrüchen ist derjenige größer, der von links nach rechts gelesen an der gleichen Stelle zuerst die größere Ziffer hat, z. B. 2,3**4**5 > 2,3**1**5.

Kapitel 3: Rationale Zahlen

Zahlenmengen	natürliche Zahlen $\mathbb{N} = \{0; 1; 2; 3; ...\}$ ganze Zahlen $\mathbb{Z} = \{ ... ; -3; -2; -1; 0; 1; 2; 3; ...\}$ rationale Zahlen $\mathbb{Q} = \left\{\frac{p}{q}, \text{ mit } p, q \in \mathbb{Z} \text{ und } q \neq 0\right\}$ $\mathbb{Q}$ enthält alle natürlichen, alle ganzen Zahlen und alle positiven und negativen Brüche und Dezimalbrüche.

Vorzeichen-regeln	$a + (+b) = a + b$; $a - (-b) = a + b$ $a + (-b) = a - b$; $a - (+b) = a - b$ Multiplikation und Division: Bei gleichen Vorzeichen erhält man Plus, bei unterschiedlichen Vorzeichen Minus. $(+a) \cdot (+b) = +a \cdot b$; $(+a) \cdot (-b) = -a \cdot b$ $(-a) \cdot (-b) = +a \cdot b$; $(-a) \cdot (+b) = -a \cdot b$
Distributiv-gesetze	$a \cdot (b + c) = a \cdot b + a \cdot c$ bzw. $(b + c) \cdot a = b \cdot a + c \cdot a = a \cdot b + a \cdot c$ $(b + c) : a = b : a + c : a$

Kapitel 4: Dreisatzrechnung

proportionale Zuordnung	3 Brötchen kosten 0,75 €, wie viel kosten 5 Brötchen? Auf beiden Seiten des Dreisatzschemas muss die **gleiche Rechenoperation** durchgeführt werden. :3 (3 Brötchen → 0,75 €) :3 1 Brötchen → 0,25 € ·5 (**5 Brötchen → 1,25 €**) ·5
umgekehrt proportionale Zuordnung	4 Freunde teilen sich eine Tüte aus 36 Bonbons. Wie viele Bonbons würde jeder bekommen, wenn es 6 Freunde wären? Auf beiden Seiten des Dreisatzschemas muss die **entgegengesetzte Rechenoperation** durchgeführt werden. :4 (4 Freunde → 36 Bonbons) ·4 1 Freund → 144 Bonbons ·6 (**6 Freunde → 24 Bonbons**) :6

Kapitel 5: Prozentrechnung

Grundbegriffe	Grundwert G: das Ganze Prozentwert W: ein Teil vom Ganzen Prozentzahl p: $p = (W : G) \cdot 100$ Prozentsatz p %: $p\,\% = \frac{p}{100}$
Berechnungen	Die fehlende der drei Größen G, W und p kann mit der Dreisatzrechnung berechnet werden. Dabei gilt: $G \mathrel{\hat{=}} 100\,\%$ bzw. $100\,\% \mathrel{\hat{=}} G$ und $p\,\% \mathrel{\hat{=}} W$

Kapitel 6: Grundbegriffe der Geometrie

Punkt	wird im Achsenkreuz durch Zahlenpaar beschrieben: Punkt A(Rechtswert, Abszisse | Hochwert, Ordinate)
Winkelarten	Vollwinkel 360° (Vollkreis); überstumpfer Winkel: $360° < \alpha < 180°$ gestreckter Winkel: 180°; stumpfer Winkel: $90° < \alpha < 180°$ rechter Winkel: 90°; spitzer Winkel: $0° < \alpha < 90°$
Lot	kürzeste Strecke eines Punktes auf eine Gerade; das Lot steht senkrecht (im rechten Winkel) zur Geraden.

Kapitel 7 und 8: Ebene Figuren, Flächen und Umfang

Quadrat	$A = a \cdot a = a^2$	$u = 4a$
Rechteck	$A = a \cdot b$;	$u = 2a + 2b$
Dreieck	$A = \frac{1}{2} a \cdot h_a$ oder $A = \frac{1}{2} b \cdot h_b$ oder $A = \frac{1}{2} c \cdot h_c$; bzw. $A = \frac{1}{2} g \cdot h$; mit g ≙ Grundseite, h ≙ Höhe über Grundseite	$u = a + b + c$
Parallelogramm	$A = a \cdot h_a$	$u = 2a + 2b$
Trapez	$A = \frac{1}{2}(a + c) \cdot h$; mit $a \parallel c$, h ≙ Abstand zwischen a und c	$u = a + b + c + d$
Drachen	$A = \frac{1}{2} e \cdot f$; mit den Diagonalen e und f	$u = 2a + 2b$
Raute	$A = \frac{1}{2} e \cdot f$; mit den Diagonalen e und f	$u = 4a$
Kreis	$A = \pi \cdot r^2$	$u = 2\pi r$; mit $\pi \approx 3{,}14$

Kapitel 10: Daten erheben und auswerten

Häufigkeiten	absolute Häufigkeit: Anzahl des Ereignisses beim Experiment relative Häufigkeit: absolute Häufigkeit dividiert durch die Summe aller Ereignisse
arithmetisches Mittel	Mittelwert, Durchschnitt: $\varnothing = \frac{1}{n} \cdot (x_1 + x_2 + ... + x_n)$
Zentralwert (Median)	der in der Mitte liegende Werte einer geordneten Stichprobe
Modalwert	der am häufigsten auftretende Wert einer Stichprobe

Stichwortverzeichnis